Freeman J. Dyson

Die Sonne, das Genom und das Internet

Wissenschaftliche Innovation und die Technologien der Zukunft

Übersetzt von Michael Bischoff

S. Fischer

Die amerikanische Ausgabe erschien 1999 unter dem Titel
›The Sun, the Genome, & the Internet‹ bei Oxford
University Press, New York

Druck und Bindung: Clausen & Bosse, Leck
Printed in Germany
ISBN 3-10-015335-9

Inhalt

Einführung
7

Wissenschaftliche Revolutionen
23

Technik und soziale Gerechtigkeit
93

Der Weg ins All
139

Nachwort
205

Literaturhinweise
213

Einführung

Mit siebzehn Jahren begann ich mein Studium in Cambridge und lernte dort den berühmten Mathematiker Godfrey Hardy kennen.

Fast alle Mathematiker und Naturwissenschaftler waren fort und kämpften im Zweiten Weltkrieg. Es gab keine Doktoranden und nur sehr wenige Studenten höherer Semester. Von dem ganzen mathematischen Leben an der Universität Cambridge waren nur die alten, namhaften Professoren und eine Handvoll junger Studenten aus den Anfangssemestern geblieben. Hardy war damals vierundsechzig, depri- miert und krank. Er litt bereits an den Herzbeschwerden, die ihn einige Jahre später zum Krüppel machen sollten. Er sprach niemals über den Krieg, der draußen tobte; er hasste den Krieg so sehr, dass er nicht einmal darüber reden mochte. Er hielt Vorlesungen über seine geliebte reine Mathematik, für vier oder fünf Studenten, die in einem kleinen Seminarraum um einen kleinen Tisch hockten. In diesem Raum saßen wir Hardy zwei Jahre lang dreimal in der Woche auf kürzeste Distanz gegenüber. Er trug seine Gedanken vor, wie Wanda Landowska auf dem Spinett Bach spielt: präzise und vollkommen klar, aber mit einer Leidenschaft, die niemandem entgehen kann, der ein wenig unter die Oberfläche zu schauen vermag. Jede Vorlesung war sorgfältig vorbereitet, wie ein Kunstwerk, und die intellektuelle Auflösung erfolgte scheinbar spontan in den letzten fünf Minuten der Stunde. Für mich waren diese Vorlesungen ein betäubender Genuss, und manchmal hätte ich den Arm um diesen kleinen alten Mann mit dem weißen Haar kaum einen Meter von mir entfernt legen mögen, um ihm zu zeigen, wie unendlich dankbar wir ihm waren, dass er weiter unterrichtete.

Ein Jahr, bevor ich nach Cambridge kam, hatte Hardy ein kleines Buch mit dem Titel *A Mathematician's Apology* veröffentlicht. Das Buch war für Leser ohne mathematische Vorkenntnisse geschrieben und sollte sie behutsam in die Welt der Mathematik einführen, in der er zu Hause war. Er war ein sehr reiner Mathematiker, und die Botschaft seines Buches lautete, die reine Mathematik sei die einzige Mathematik, die Achtung verdiene. Er schrieb: »Ein Mathematiker schafft Muster, ganz wie ein Maler oder ein Dichter. Wenn seine Muster dauerhafter sind als ihre, so weil sie aus Ideen bestehen.« Er verstand sich selbst als Künstler, der Werke von abstrakter Schönheit hervorbrachte. Die angewandte Mathematik galt ihm als zweitrangig, er hielt sie eher für schädlich, und ganz besonders hasste er angewandte Mathematik, wenn sie irgendetwas mit Krieg zu tun hatte. Stolz verkündete er, dass er in seinem ganzen Leben noch nichts getan hatte, was als nützlich gelten konnte. Alles, was er tat, war Kunst und besaß Stil. Seine mathematischen Aufsätze waren nach Stil und Inhalt gleichermaßen schön. Er schrieb genauso klar und elegant, wie er dachte.

In meiner späteren wissenschaftlichen Arbeit bin ich Hardys Traum untreu geworden. Anfangs trat ich in seine Fußstapfen und arbeitete auf dem Gebiet der Zahlentheorie; ich löste eine Reihe zahlentheoretischer Probleme, die zwar interessant, aber unbedeutend waren. Nach drei Jahren als Zahlentheoretiker wandte ich mich der angewandten Mathematik zu. Es erschien mir aufregender, eines der fundamentalen Geheimnisse der Natur zu lüften, als weiterhin mathematische Sätze zu beweisen, die nur eine Handvoll Zahlentheoretiker interessierten. Ich sprach ganz bewusst nicht mit Hardy, als ich diese Entscheidung traf, denn ich wusste, dass es ihn nur traurig machen konnte. Als ich mich einige Jahre später, nach erfolgreichem Übergang zur angewandten Mathematik, für solch ein Gespräch frei genug fühlte, war er bereits tot. Ich hätte ihm gerne gesagt, dass es keinen Qualitätsunterschied zwischen meiner Arbeit als Zahlentheoretiker und meiner Arbeit als Physiker gab. Aber da war es schon zu spät.

In späteren Jahren habe ich mir noch oft gewünscht, ich könnte Hardy erklären, was ich mit der Mathematik anfing, die er mich gelehrt hatte. Manchmal träume ich, er verstünde mich und verziehe mir meine Abkehr von seinen Idealen.

Während meines gesamten Berufslebens habe ich zum Glück immer wieder Wissenschaftsgebiete gefunden, in denen ich meine mathematischen Kenntnisse nutzbringend anwenden konnte. Ich habe mich mit einer Reihe von Problemen in der Teilchenphysik, der statistischen Mechanik, der Physik verdichteter Materiezustände, der Astronomie und der Biologie befasst. Auch an technischen Problemen habe ich gearbeitet und die Mathematik auf die Konstruktion von Instrumenten und Maschinen angewandt. Bei der Konstruktion von Maschinen musste ich oft an einen Satz in Hardys Buch denken, der in wenigen bitteren Worten seinen ganzen Hass auf die angewandte Mathematik zum Ausdruck brachte: »Eine Wissenschaft gilt als nützlich, wenn ihre Entwicklung die bestehende Ungleichheit in der Verteilung des Reichtums vergrößert oder wenn sie die Vernichtung menschlichen Lebens unmittelbar befördert.« Ich versuchte zu beweisen, dass Hardy Unrecht hatte, dass Wissenschaft durchaus nützlich sein kann, ohne Schaden anzurichten. Bei der Wahl der Probleme, mit denen ich mich befasste, achtete ich stets auf Hardys Warnung. Denn was Hardy sagt, trifft leider oft genug zu, und jeder, der im Bereich der angewandten Wissenschaften arbeitet, sollte sich seine warnenden Worte zu Herzen nehmen.

Dreimal in meinem Leben habe ich an praktischen Projekten gearbeitet, die Hardy möglicherweise als anrüchig empfunden hätte. 1956 beteiligte ich mich an der Entwicklung eines betriebssicheren Kernreaktors, der unter dem Namen TRIGA gebaut wurde und heute noch verkauft wird. Meist wird er in Krankenhäusern als Strahlungsquelle für die Erzeugung kurzlebiger Isotope eingesetzt, die man für die Diagnose von Stoffwechselerkrankungen benötigt. Kurzlebige Isotope haben zahlreiche Vorzüge, aber sie müssen am Ort ihrer Verwendung erzeugt werden. Die Sicherheit des Reaktors basiert auf physikalischen Gesetzen und nicht auf technischen Vorrichtungen. Als der Prototyp des Reaktors der Welt in einer öffentlichen Veranstaltung in San Diego vorgestellt wurde, drückte der große Physiker Niels Bohr den Startknopf und setzte ihn in Betrieb. Damals waren die meisten Naturwissenschaftler wie Bohr der Ansicht, die friedliche Nutzung der Kernenergie könne ein Segen für die Menschheit sein. Auch wenn die Kernenergie nicht alle Hoffnungen erfüllt hat, halte ich TRIGA doch immer noch für ein Werkzeug, das guten Zwecken dient.

Ein anderes technisches Projekt, an dem ich mich beteiligte, lag im Bereich der adaptiven Optik. Dabei ging es um die Konstruktion eines flexiblen Spiegels mit einem schnellen Steuerungssystem, das die durch atmosphärische Turbulenzen erzeugte Verzerrung optischer Bilder korrigieren sollte. Im Prinzip eröffnet solch eine adaptive Optik die Möglichkeit, mit Teleskopen auf der Erde ebenso scharfe Bilder zu machen wie mit Teleskopen im Weltall. Unglücklicherweise lassen sich mit dieser Technik, die friedlichen Astronomen zu einer klareren Sicht verhelfen soll, auch Laserstrahlen für militärische Zwecke besser fokussieren. Bevor ich mit der Arbeit begann, setzte ich mich eingehend mit den friedlichen und den militärischen Anwendungsmöglichkeiten einer adaptiven Optik auseinander. Ich gelangte zu dem Schluss, dass es sich bei den militärischen Anwendungen um bloße Phantasien handelte, während die astronomischen Anwendungsmöglichkeiten durchaus real waren. Heute zeigt sich, dass mein Urteil korrekt war. Adaptive Optiken werden von Astronomen mit großem Erfolg eingesetzt, Laserwaffen dagegen findet man nur in Sciencefictionromanen oder Filmen.

Mein letztes praktisches Engagement im Bereich der angewandten Mathematik liegt erst einige Jahre zurück. Es ging und geht heute noch darum, den Menschen in Kambodscha, Bosnien, Angola oder Afghanistan zu helfen, denn dort liegen Millionen von Landminen im Boden, die jedes Jahr Tausende unschuldiger Zivilisten und Kinder töten oder verstümmeln. Diese Menschen benötigen dringend billige, tragbare Minensuchgeräte, die in großer Stückzahl hergestellt und in Gebieten ohne Straßen oder Elektrizität eingesetzt werden können. Die US-Army ist durchaus bereit zu helfen, aber sie besitzt nicht die richtige Ausrüstung. Die Minensuchgeräte der Army sind schwer und teuer; sie sind dazu bestimmt, ein Minenfeld sehr schnell zu säubern, damit Soldaten es nach kürzester Zeit durchqueren können. Daher muss die von der Army benutzte Technologie an zivile Bedürfnisse angepasst werden, das heißt, die Minensuchgeräte müssen leicht und einfach sein. Für Zivilisten spielt die Zeit hier keine wesentliche Rolle.

Der Harvard-Physiker Paul Horowitz, der zu den führenden Forschern auf dem Gebiet außerirdischer Lebensformen gehört, hat sich auch bei den Bemühungen um die Lösung des Minenproblems hervorgetan. Er erfand einen »smarten Minenstock«, wie er es nennt, eine abgewandelte Version des einfachen Minenstocks, mit dem man nach im Boden verborgenen Minen sucht. Bei dem gebräuchlichen Minenstock handelt es sich um einen einfachen spitzen Stock oder Stab, den man vorsichtig in die Erde stößt und mit dem man den Bereich um vergrabene Objekte abtastet, um ihre Form zu bestimmen und auf diese Weise Minen von Steinen oder Wurzeln unterscheiden zu können.

Horowitz entwickelte einen Minenstock, in dessen Spitze sich ein winziger akustischer Sender und Empfänger befindet. Die Spitze sendet eine Folge schwacher Schallimpulse aus und empfängt ein Echo, das Auskunft über die inneren Schwingungen der damit berührten Objekte gibt. Minen geben ein ganz anderes Echo als Steine oder Wurzeln. Dadurch lassen sich Minen sehr viel schneller und sicherer aufspüren. Aus dem Echo lässt sich sogar erschließen, um welche Art von Minen es sich handelt.

Minen aus Russland, Italien, China oder den Vereinigten Staaten erzeugen ganz unterschiedliche Echos. Der smarte Minenstock benötigt nur sehr wenig Strom und kann mit Batterien betrieben werden. Zur Zeit arbeitet Horowitz daran, das Gerät für den praktischen Einsatz im Gelände möglichst leicht und robust zu machen. Es soll dem gewöhnlichen Minenstock so ähnlich sein, dass Menschen, die sich mit dem einfachen Suchgerät auskennen, auch den Umgang mit dem smarten Minenstock rasch erlernen können. Ich bin glücklich, dass ich zusammen mit Horowitz an der Lösung des Minenproblems arbeiten konnte. In gewissem Maße macht er damit den Schaden wieder gut, den der Missbrauch der Wissenschaft den Menschen zugefügt hat. Ich denke, wenn Hardy wüsste, was wir da tun, würde er uns seinen Segen geben.

* * *

Die Technik ist nur eine der zahlreichen Triebkräfte menschlicher Geschichte und nur selten deren bedeutendste. Politik und Religion, Wirtschaft und Ideologie, militärische und kulturelle Rivalitäten sind mindestens ebenso bedeutsam wie die Technik. Die Technik gibt uns lediglich Werkzeuge an die Hand. Menschliche Wünsche und Institutionen entscheiden darüber, wie wir diese Werkzeuge einsetzen. Ich betone die Technik in diesem Buch, weil ich aus diesem Gebiet komme. Wenn ich mich über menschliche Wünsche und Institutionen äußere, schreibe ich als Laie. Schreibe ich über Technik, bin ich in gewissem Maße Experte.

Wenn Experten die Zukunft vorauszusagen versuchen, treffen sie meistens daneben.

In diesem Buch blicke ich vom Ende des 20. in das 21. Jahrhundert hinein. Bevor ich mich ans Schreiben machte, setzte ich mich recht eingehend mit zwei berühmten Experten auseinander, die am Ende des 19. Jahrhunderts in das 20. Jahrhundert hinein geblickt hatten: Jules Verne und H. G. Wells. Weder Verne noch Wells sahen die Zukunft sonderlich klar voraus. Wir sollten ihnen jedoch keinen Vorwurf wegen ihrer Irrtümer und Auslassungen machen, denn beide waren eher Geschichtenerzähler als Wissenschaftler. Sie wollten ihre Leser unterhalten; es war nicht ihre Absicht, Technologien zu analysieren. In einem 1875 verfassten Aufsatz über die ideale Stadt sagt Verne eine steigende Geburtenrate voraus, die zur Entwicklung einer »fünfhundert-Ammen-starken Säuglingsfütterungsmaschine« führt. Und Wells schreibt in seinem 1899 erschienenen Roman *Wenn der Schläfer erwacht*, die Hypnose werde zum wichtigsten Arbeitsmittel der Medizin aufsteigen und Medikamente, Desinfektionsmittel oder Betäubungsmittel weitgehend ersetzen. Keine dieser Phantasien war jedoch als ernsthafte Voraussage gedacht.

Vernes erfolgreichste Voraussagen waren Kapitän Nemos Unterseeboot in *Zwanzigtausend Meilen unter den Meeren* und der Mondflug des Kanonenclubs aus Baltimore in *Von der Erde zum Mond.* Eine höhere Trefferquote erreichte Wells in *Wenn der Schläfer erwacht.* Darin beschrieb er einen Farbfernseher, der weit entfernte Ereignisse ohne Zeitverzug sichtbar macht; Flugzeuge, die in zwei Stunden von London nach Amerika fliegen, und eine CAD-CAM-Maschine (*computer-aided design, computer-aided manufacture*), die den Schläfer nach dem Aufwachen rasch mit neuen Kleidern versorgt. Die wichtigsten Aspekte im Leben des 20. Jahrhunderts sahen beide Autoren nicht voraus: die überragende Bedeutung des privaten Automobils gegenüber allen anderen Verkehrsmitteln, die hohe Verbreitung des Telefons wie auch des PCs und die rasche Auflösung der Kolonialreiche. Ihr Grundirrtum lag in der Überzeugung, die Technik werde immer größer werden statt immer kleiner. Wells sah die gesamte Bevölkerung Englands in fünf Städten zusammengepfercht; allein in London sollten 30 Millionen Menschen leben, während das Land ringsumher vollkommen entvölkert sein sollte. In seinem Buch *Die Tücken der Technik* bemerkt Edward Tenner, der französische Karikaturist Albert Robida, der keinerlei technische Ausbildung besaß und die Technik nicht liebte, habe das 20. Jahrhundert treffender porträtiert als Verne und Wells. 1883 veröffentlichte er Zeichnungen, die Flachbildschirme, Retortenbabies, Bomber und chemische Kriegführung zeigten. Robida sah voraus, was Verne und Wells entging, dass nämlich das neue Jahrhundert ein Jahrhundert der Weltkriege sein würde.

Wenn Verne und Wells vor hundert Jahren die Zukunft schon nicht korrekt vorauszusagen vermochten, erwarte ich nicht, dass meine Sicht der Zukunft heute weniger mit Irrtümern gespickt sein könnte als ihre. Ich beschreibe lediglich einen von Millionen möglichen Wegen, den die Zukunft einschlagen mag. Die Wahrscheinlichkeit, dass die Dinge tatsächlich so kommen werden, ist sehr gering. Aber ich möchte zeigen, dass wenigstens ein Weg in eine bessere Zukunft existiert. Auf dem Weg, den ich beschreibe, oder auf anderen Wegen, die durchaus größere Wahrscheinlichkeit besitzen mögen, haben wir eine Chance, eine bessere und gerechtere Welt zu schaffen. Es ist nicht so wichtig, dass wir den Weg genau vor uns sehen, bevor wir ihn erreichen. Dieses Buch soll vielmehr dazu ermutigen, nach diesem Weg zu suchen.

Als Naturwissenschaftler unterscheide ich deutlich zwischen Modellen und Theorien. Theorien sind logisch und mathematisch begründete Konstrukte, mit deren Hilfe wir die Welt, in der wir leben, beschreiben. Modelle dagegen beschreiben eine weitaus einfachere Welt; sie nehmen manche Aspekte der realen Welt und lassen andere beiseite. Sowohl Theorien als auch Modelle sind nützliche Hilfsmittel zum Verständnis der Natur. Aber ihr Nutzen liegt auf verschiedenen Gebieten, und es ist wichtig, sich diese Unterschiede klarzumachen. Theorien sind nützlich, weil man die daraus abgeleiteten Voraussagen überprüfen kann, indem man sie mit Beobachtungen der realen Welt vergleicht. Andererseits können Theorien nutzlos sein, wenn die daraus abzuleitenden Folgerungen so kompliziert sind, dass sie keine überprüfbaren Voraussagen zulassen. Modelle sind nützlich, weil ihr Verhalten einfach, vorhersehbar und verständlich ist. Andererseits können Modelle nutzlos sein, wenn sie allzu viele Dinge unberücksichtigt lassen und daher den Kontakt zur realen Welt verlieren. Bei der Erforschung der Welt gehen wir von bekanntem Terrain aus und stoßen ins Unbekannte vor. Auf dem bekannten Terrain entwickeln wir Theorien. An der Grenze zum halbwegs Bekannten entwickeln wir Modelle. In der Astronomie etwa gibt Einsteins allgemeine Relativitätstheorie ein äußerst präzises Bild der Dinge, die sich zeitlich und räumlich in unserer unmittelbaren Nähe befinden. Wenden wir uns dagegen den Grenzen des Raumes und der Zeit zu, beschreiben wir das Universum mit Hilfe kosmologischer Modelle. Die kosmologischen Modelle führen Bezeichnungen wie »Neues inflationäres Universum« oder »Urknall mit kalter dunkler Materie«. Modelle sind wichtige Hilfsmittel zum Verständnis der Natur in Bereichen, die sich unserer Beobachtung entziehen. Wenn sich unser Beobachtungsfeld später einmal erweitert, wird man die Modelle durch Theorien ersetzen.

Die Geschichte der Technik im 21. Jahrhundert ist ein Paradebeispiel für einen Bereich, der sich unserer Beobachtung entzieht. Mein Bild dieser Geschichte ist daher keine Theorie, sondern ein Modell, das wichtige Aspekte der realen Welt außer Acht lässt. Um akkurate Voraussagen geht es mir gar nicht. Die Entwicklung von Zukunftsmodellen soll keine präzisen Voraussagen ermöglichen, sondern lediglich in groben Zügen das Terrain kennzeichnen, in dem wir uns möglicherweise bewegen werden.

* * *

Dieses Buch basiert auf einer Vortragsreihe, die ich im Frühjahr 1997 an der New York Public Library gehalten habe. Der Titel der Reihe lautete »Drei Gesichter der Naturwissenschaft«. Die Vorträge bestanden hauptsächlich aus Geschichten über die

Naturwissenschaften, mit Abschweifungen in Geschichte und Politik. Einige dieser Geschichten befassten sich mit der Vergangenheit, andere mit der Zukunft. Ich erzählte Geschichten, um einem nichtwissenschaftlichen Publikum zu zeigen, welchen Einfluß Wissenschaft auf ihr Leben haben kann. Ich danke dem Publikum dieser Vorträge, das mir geholfen hat, die wesentlichen Fragen herauszufiltern. Bei der Umwandlung der Vorträge in ein Buch habe ich die Geschichten mehr oder weniger so belassen, wie ich sie damals erzählt habe. Ich habe nicht versucht, die Abschweifungen zu streichen. Ich habe das Material lediglich anders angeordnet, um den zentralen Gedanken eines Zukunftsmodells deutlicher herauszuarbeiten, in dem die Sonne, das Genom und das Internet die treibenden Kräfte darstellen.

Ich danke der New York Public Library und namentlich Pamela Leo für die Ausrichtung der Vortragsreihe und die Bereitstellung eines großartigen Vortragssaals mit einem lebhaft interessierten Publikum. Ich danke der Oxford University Press und insbesondere Laura Brown für die Finanzierung der Vortragsreihe und die Bereitschaft, sie als Buch zu publizieren. Mein Dank gilt auch vielen anderen für die Hilfe, die sie mir haben zuteil werden lassen, und ganz besonders meiner Tochter Esther und meinem Sohn George, deren Bücher *Release 2.0* und *Darwin*

Among the Machines einen tiefen Einfluss auf mein Denken ausgeübt haben. Und wie immer danke ich meiner Frau Imme, die sich die Vorträge aufmerksam angehört hat und meine aufrichtigste Kritikerin ist.

Wissenschaftliche Revolutionen

Der Engländer John Randall war 1939 ein vierunddreißigjähriger Physiker, der eine nicht sonderlich herausragende Karriere im Bereich der Festkörperphysik hinter sich gebracht hatte. Er galt als fleißiger Arbeiter, aber nicht als auffällig intelligent.

Im September 1939 stand sein Land plötzlich einem todbringenden Feind in Gestalt Adolf Hitlers gegenüber. England war denkbar schlecht darauf vorbereitet, sich gegen Bombenangriffe und eine aus der Luft unterstützte Invasion zu verteidigen. Das primitive Radarsystem, das man an der Küste aufgebaut hatte, arbeitete im Meterwellenbereich. Nur in diesem Bereich verfügte man über Sender, die stark genug waren, um bei Flugzeugen in 150 Kilometer Entfernung ein feststellbares Echo zu erzeugen. Als erste Verteidigungslinie besaßen diese Radaranlagen drei gravierende Mängel. Erstens konnte man damit nur die Entfernung, nicht aber die genaue Position des Flugzeugs bestimmen, denn die Winkelauflösung war äußerst gering. Zweitens verringerte sich ihre effektive Reichweite drastisch, als die Deutschen Störsender im selben Frequenzbereich einzusetzen begannen. Und drittens – der schlimmste Mangel – erwiesen sich diese Radaranlagen bei tief fliegenden Maschinen als nahezu wirkungslos. Wenn die deutschen Eindringlinge unmittelbar über der Wasseroberfläche flogen, konnten sie damit rechnen, unentdeckt die englische Küste zu erreichen.

Alle, die den Ernst der Lage kannten, wussten auch, wie man ihr abhelfen konnte: mit Mikrowellen. Radarsender, die mit Mikrowellen im Bereich der Zentimeterwellen arbeiteten, mussten sehr viel wirkungsvoller sein als der Meterwellenradar. Da der Suchstrahl schmaler sein konnte, ergäbe sich neben einer größeren Reichweite auch eine gute Winkelauflösung. Außerdem böte der schmale Suchstrahl einen besseren Schutz vor Störsendern und größere Chancen gegen tief fliegende Maschinen. Unglücklicherweise aber wusste niemand, wie man einen Mikrowellensender bauen konnte, der stark genug war, um als Radarsender eingesetzt zu werden. Die besten Mikrowellensender brachten damals eine Leistung von wenigen Watt, aber man benötigte mehrere Kilowatt. John Randall war damals Assistent am Physik-Department der University of Birmingham. Er hatte bereits im Bereich der Mikrowellenphysik gearbeitet. Im September 1939 erhielt er den Auftrag, einen leistungsstarken Mikrowellensender zu entwickeln. Mit der Hilfe eines Kollegen, des Ingenieurs Henry Boot, löste er das Problem innerhalb von zwei Monaten. Im November 1939 erfand er das Hohlraummagnetron, und nach weiteren acht Monaten konnte er ein funktionsfähiges Modell mit einer Sendeleistung von 12 Kilowatt präsentieren, dem Tausendfachen der größten bis dahin erreichten Leistung. Die tödliche Bedrohung durch den Feind hatte ihn zu einer Glanzleistung getrieben. Erbarmungslose Notwendigkeit vervielfachte die Fähigkeiten seines Verstandes um einen ähnlichen Faktor wie seine Erfindung die Leistung des Mikrowellensenders. Als Bestandteil eines Handels zwischen Churchill und Roosevelt wurde 1941, noch vor dem Kriegseintritt der Vereinigten Staaten, ein Hohlraummagnetron unter strenger Geheimhaltung von England nach Amerika gebracht. Der Mikrowellenradar verlieh der britischen und amerikanischen Luftwaffe einen entscheidenden Vorteil und leistete einen wesentlichen Beitrag zur Niederlage Adolf Hitlers. Das ist die erste Hälfte der Geschichte John Randalls.

Die zweite Hälfte begann nach dem Ende des Zweiten Weltkriegs.

Randall war nun berühmt, eine dankbare Nation erwies ihm Respekt für seinen überaus wichtigen Beitrag zum Sieg. Er wurde ordentlicher Professor und Head of Department am King's College London, und das hieß damals, dass er der Boss war und dank seiner Macht und seines Ansehens tun konnte, was er gern tun wollte. Ihm war klar, dass er nun die einmalige Chance hatte, sich im Frieden als ebenso kreativ zu erweisen wie im Krieg. Er beschloss, seine bisherige Laufbahn im Bereich der Festkörper- und Mikrowellenphysik abzubrechen und einen Neuanfang zu wagen. Er gründete ein Department für das noch ganz in den Anfängen steckende Fachgebiet der Molekularbiologie. In kurzer Zeit beschaffte er beträchtliche Geldmittel aus zwei unabhängigen Quellen, dem Medical Research Center in England und der Rockefeller Foundation in den USA. Einige Jahre lang machte er sich mit dem Stand der Molekularbiologie vertraut und reparierte sein von Bomben stark beschädigtes Institutsgebäude in London. Er beschaffte die beste Ausrüstung für Röntgenkristallographie und stellte sie Maurice Wilkins und Rosalind Franklin für deren Arbeit zur Verfügung. Wenige Jahre später präsentierten Wilkins und Franklin die ersten klaren Röntgenbeugungsaufnahmen von DNA-Strängen. Ihre Bilder führten zur theoretischen Klärung der Doppelhelixstruktur der DNA durch Crick und Watson. Es ist Randalls Weitsicht zu verdanken, dass die Struktur der DNA 1953 in England entdeckt wurde und nicht einige Jahre später in den Vereinigten Staaten. Randall hätte seine Vision wahrscheinlich niemals entwickelt und ganz sicher hätte er niemals die Mittel zu ihrer Verwirklichung erhalten, wenn Adolf Hitler ihn nicht zuvor zu geistiger Höchstleistung getrieben hätte.

Randall lieferte Werkzeuge für drei wissenschaftliche Revolutionen. Die große Revolution in der Molekularbiologie, die auf die Entdeckung der Doppelhelix folgte, basierte auf dem neuen Instrument der Röntgenkristallographie. Zur selben Zeit bahnten sich zwei weitere Revolutionen in der Atomphysik und in der Radioastronomie an. Gleich nach dem Krieg setzte man die während des Krieges für militärische Zwecke entwickelte Mikrowellentechnik für die Spektroskopie von Atomen und Molekülen ein und für die Suche nach Mikrowellenquellen im All. Die Mikrowellenspektroskopie revolutionierte die Atomphysik, weil sie die Schärfe unseres Bildes von der Feinstruktur der Atome um das Tausendfache verbesserte. Mikrowellenteleskope revolutionierten die Astronomie, weil sie Bilder von Radioquellen im All lieferten, deren Schärfe an die der besten Aufnahmen mit optischen Teleskopen heranreichte. Hinter diesen beiden Revolutionen stand eine Technologie, die aus Randalls Erfindung des Hohlraummagnetrons hervorgegangen war, während er selbst sich bereits den Werkzeugen für die Revolution in der Molekularbiologie zugewandt hatte.

John Randalls Geschichte steht keineswegs allein da in der Generation der Wissenschaftler, die während des Zweiten Weltkriegs jung waren und unter den Anforderungen des Krieges intellektuelle Größe entwickelten. Ich denke da vor allem an meine beiden Freunde Robert Wilson und Richard Feynman, die mit vielen anderen jungen Leuten 1943 nach Los Alamos gingen, um die erste Atombombe zu bauen. Wilson wurde dort nach kurzer Zeit Leiter der Abteilung Experimentalphysik, und Feynman organisierte die numerischen Berechnungen für die Sprengkraft der Bombe. Als der Krieg vorbei war, schworen beide, nie mehr etwas mit Kernwaffen zu tun zu haben. Nach der Abkehr von der Bombe wandten sie sich friedlicher wissenschaftlicher Arbeit zu und wurden in kurzer Zeit zu international führenden Wissenschaftlern. Für die nächsten dreißig Jahre war Wilson führend im Bau von Teilchenbeschleunigern, und Feynman war der führende Theoretiker auf dem Gebiet der Teilchenphysik. Es war weitgehend den herausragenden Fähigkeiten von Wilson und Feynman zu verdanken, wenn die USA für drei Jahrzehnte die Führung im Bereich der Teilchenphysik übernahmen. Los Alamos hatte ihnen vor Augen geführt, dass die Wissenschaft die Welt zu erschüttern vermag. Und Los Alamos gab ihnen das Selbstvertrauen, sich als Pioniere in die neue Welt der Teilchenphysik hinein zu wagen, ganz wie das Hohlraummagnetron Randall das Selbstvertrauen gegeben hatte, sich als Pionier auf dem Gebiet der Molekularbiologie zu betätigen.

Fünfzig Jahre später finden wir ein ähnliches Verhältnis von Krieg und Frieden in der Medizin. Der heutige Kampf gegen Aids ist ebenso bitter und tragisch wie vor fünfzig Jahren der Kampf gegen Hitler. Aids ist eine ebenso tödliche Bedrohung, wie Hitler es einst war. Und Aids wird nicht bedingungslos kapitulieren, nicht einmal nach schweren Niederlagen. Der Kampf gegen Aids muss bis ans Ende geführt werden, wie der Kampf gegen Hitler bis ans Ende geführt werden musste. Eines Tages wird es eine Therapie geben, die für die Infizierten erschwinglich ist, und dann wird der Kampf vorüber sein. Wenn er vorüber ist, werden die jungen Ärzte und Virologen, die zum Sieg beigetragen haben, den Druck der Größe spüren.

Sie werden das Schlachtfeld der Medizin verlassen und sich in anderen Bereichen der Wissenschaft umsehen. Die unternehmungslustigsten werden dann das Ansehen und die öffentliche Unterstützung genießen, die es ihnen ermöglichen werden, das zu tun, was ihnen am Herzen liegt. Ich hoffe, sie werden bereit sein, wenn es so weit ist. Ich hoffe, sie werden bereit sein, etwas Neues zu machen, ein neues Fachgebiet zu begründen und neue Instrumente zu entwickeln, die neue Welten erschließen. Wenn sie Glück haben, werden sie wie John Randall neue wissenschaftliche Revolutionen auslösen. Wenn sie sehr viel Glück haben, werden sie wie Randall gleich die Werkzeuge für drei wissenschaftliche Revolutionen bereitstellen. Die Mediziner unserer Zeit werden Revolutionen anführen, deren Richtung wir heute noch kaum zu erkennen vermögen.

* * *

Die Naturwissenschaft entstand aus der Verschmelzung zweier alter Traditionen, der Tradition des philosophischen Denkens, die im antiken Griechenland begann, und der Tradition des Handwerks, die noch älter ist und ihre Blütezeit im europäischen Mittelalter erlebte. Die Philosophie lieferte der Wissenschaft die Begriffe, das Handwerk stellte die

Werkzeuge bereit. Bis Ende des 19. Jahrhunderts entwickelten Wissenschaft und handwerkliche Manufaktur sich auf getrennten Wegen. Sie liehen sich zwar häufig Werkzeuge beieinander aus, doch beide blieben eigenständig. Erst im 20. Jahrhunderts gingen Wissenschaft und handwerkliche Industrie eine unlösbare Verbindung ein.

Mein Großvater John Williams war Schmied und arbeitete in einer kleinen Eisenhütte im nordenglischen Yorkshire. Mit seinen eigenen Händen schmiedete er Dampfkessel, die in die ganze Welt exportiert wurden; sie trieben Dampfschiffe an und brachten die industrielle Revolution in die entlegendsten Winkel der Erde. Er interessierte sich nicht sonderlich für Wissenschaft. Er war Handwerker und arbeitete noch in der alten Tradition der handwerklichen Manufaktur, mit der ein Jahrhundert zuvor die erste industrielle Revolution in England begonnen hatte. Inzwischen ging sein Zeitgenosse Andrew Carnegie von Schottland nach Pittsburgh und baute Stahlwerke ganz anderer Art. Die Großindustrie verdrängte die kleinen Eisenhütten. Als John Williams Anfang des 20. Jahrhunderts in den Ruhestand ging, lagen die alten, handwerklich geprägten Industrien Nordenglands im Sterben. Die jungen Männer der nachfolgenden Generation wählten nicht mehr den Beruf des Schmieds, wenn sie etwas werden wollten. Viele von ihnen, darunter auch mein Vater, gingen in den Süden und besuchten das College.

Das menschliche Erbe, das uns Hände zum Herstellen von Werkzeugen und einen suchenden Verstand gegeben hat, starb dennoch nicht. In jeder menschlichen Kultur schaffen Hand und Kopf gemeinsam den Stil, der eine Zivilisation prägt. In allen Zivilisationen nimmt der Handwerker einen Ehrenplatz ein, neben dem Schreiber und dem Schamanen. Unsere eigene Zivilisation bildet da keine Ausnahme.

Als die jungen Leute der nachfolgenden Generation in der ersten Hälfte des 20. Jahrhunderts das Wissen und die Fertigkeiten meines Großvaters vergaßen, erwarben sie neue Fähigkeiten und gründeten neue Industrien. Sie bauten Radiosender und Empfänger, Mikroskope und Teleskope, Motorräder und Flugmaschinen. Sie züchteten hybride Maissorten und neue Varietäten von Blumen und Obstbäumen. Jede dieser Industrien begann ganz klein und florierte zunächst als handwerklich geprägter Wirtschaftszweig, bevor sie zur Großorganisation und zur Massenproduktion übergingen. Die ersten Jahre des Jahrhunderts waren das goldene Zeitalter des Radios und der Flugmaschinen; damals konnten Erfinder noch mit eigener Hand Maschinen bauen, die einmal die Welt verändern sollten.

In der zweiten Hälfte des 20. Jahrhunderts schien

dann die Zeit der handwerklich geprägten Industrien vorbei zu sein. In den neuen Technologien des Fernsehens und der Kunststoffe oder der industriell betriebenen Landwirtschaft dominierte die Massenproduktion. Es schien, als hätten junge Leute nur die Wahl zwischen zwei Möglichkeiten: Entweder gingen sie als Angestellte in ein Großunternehmen, oder sie ließen ihr Interesse an Technik gänzlich fahren. Die dritte Möglichkeit, ein Leben als freier Handwerker, war nicht mehr realisierbar. Doch dann trat die Naturwissenschaft auf den Plan und füllte die Lücke.

Ich erinnere mich noch lebhaft an eine Szene aus den 60er Jahren, als die jungen Leute sich sehr rebellisch gaben und die Technik äußerst unbeliebt war.

Damals war es Mode unter den Studenten, barfuß zu laufen und sich möglichst nachlässig zu kleiden. In einer Werkstatt im Keller des Physikgebäudes der Cornell University sah ich einmal zwei Studenten mit langen ungepflegten Haaren, die barfuß gingen und sich der Mode entsprechend gekleidet hatten. Sie arbeiteten mit höchster Konzentration am Bau eines Kryostaten, eines Superkühlschranks für Tiefsttemperaturexperimente, der mit flüssigem Helium arbeitet. Es war kein gewöhnlicher Heliumkryostat, der Temperaturen von einem Grad über dem absoluten Nullpunkt erreichen konnte, sondern ein ganz neuer Typ, der mit dem seltenen Isotop des Heliums arbeitete und Temperaturen von wenigen Tausendstel Grad über dem absoluten Nullpunkt erreichen sollte. Die beiden Studenten erforschten eine neue Welt und eine neue Technologie. Die Probenkammer des Kryostaten war äußerst klein. Sie musste mit zahlreichen absolut undurchlässigen Isolierschichten umgeben und über ein Netz winziger Röhren und Drähte mit der Außenwelt verbunden werden. Die Studenten waren vollkommen vertieft in die Aufgabe, dieses komplizierte Geflecht aus Röhren und Drähten zusammenzusetzen.

Hand und Kopf waren aufs äußerste angespannt. Jede Rohrverbindung musste dicht sein, jeder Draht an der richtigen Stelle sitzen. An ihre Namen kann ich mich nicht mehr erinnern. Ich weiß auch nicht, ob sie in Cornell blieben und Berufsphysiker wurden. Falls es so war, könnte es sein, dass einer von ihnen oder vielleicht sogar beide dreißig Jahre später den Nobelpreis erhielten, als drei Physiker der Cornell University für die Entdeckung der Suprafluidität des seltenen Heliumisotops mit diesem Preis ausgezeichnet wurden. Die Studenten, die ich damals beim Zusammenbau des Apparats beobachtete, träumten gewiss nicht vom Nobelpreis. Ihr Antrieb war dieselbe Freude, die auch meinen Großvater bewegt hatte, die Freude eines geschickten Handwerkers an einer gelungenen Arbeit. Die Naturwissenschaft gab ihnen die Möglichkeit, Dinge zu bauen, die neue Horizonte eröffneten, wie ihre Vorfahren einst Schiffe gebaut hatten, um neue Kontinente zu erkunden. Sie hatten einen kreativen Mittelweg zwischen der hierarchischen Welt der Großindustrie und den utopischen Träumen studentischer Rebellion gefunden.

In den letzten dreißig Jahren hat die Naturwissenschaft für ein neues goldenes Zeitalter handwerklicher Produktion gesorgt. Wenn die Wissenschaft ihren Gegenstandsbereich erweitert, benötigt sie neue, immer feinere und präzisere Instrumente, und sie bildet Studenten oder Techniker aus, die diese Instrumente entwickeln und bauen können. Überall, wo Experimentalwissenschaft betrieben wird, lernen junge Männer und Frauen, Instrumente zu bauen, unter Verwendung neuer Materialien und neuer, von der Wissenschaft bereitgestellter Konzepte. Das Wissen und die Fähigkeiten, die dabei in den Labors herausgebildet werden, finden auch in der Welt draußen Anwendung. Dieselben jungen Leute gründen kleine Unternehmen, um Instrumente herzustellen und auch an andere Anwender zu verkaufen. Eine neue, handwerklich orientierte Industrie wächst heran. Im Umkreis jedes wissenschaftlichen Zentrums finden wir einen ganzen Schwarm solcher Betriebe. Silicon Valley entstand im Umkreis von

Stanford, und ganz ähnliche Ansammlungen finden sich um Harvard University und das MIT oder in New Jersey um Princeton und Rutgers University. Einige der Startups werden zu Großunternehmen, und andere Neugründungen im Bereich anderer neuer Fertigkeiten nehmen ihren Platz ein.

Zu den wichtigsten Hilfsmitteln der modernen Wissenschaft gehört der Computer. Der Bau von Computern begann als handwerkliche Tätigkeit; John von Neumann leitete eine wilde Truppe von Mathematikern und Ingenieuren am Institute for Advanced Study in Princeton, und ähnliche Gruppen bauten anderswo ähnliche Maschinen. In seinem Buch *The Soul of a New Machine* beschreibt Tracy Kidder den Geist einer solchen handwerklichen Industrie, die bis in unsere Zeit überlebt hat. Aber die von Kidder beschriebene Maschine und das Ingenieurteam, das sie entwickelte, haben nicht überlebt. Die Maschine war ein Fehlschlag; sie konnte mit den von der Sun Corporation entwickelten Workstations nicht konkurrieren, und das Team, das sie baute, löste sich auf. Einige Jahre später gestanden Seymour Cray und Danny Hillis ihr Scheitern ein; sie waren die letzten jenes Schlags unabhängiger Unternehmer, die Computer im handwerklichen Stil produzierten. Sie konnten sich auf dem Markt nicht gegen die Großunternehmen behaupten. In der Computerbranche geht die

Zeit der handwerklichen Produktion dem Ende entgegen.

Die Naturwissenschaft ließ jedoch eine andere handwerkliche Industrie entstehen, die Software-Industrie. Die Computer-Software entstand als Hilfsmittel der Wissenschaft und breitete sich später auf alle Bereiche der Industrie und des Handels aus. Überall, wo ernsthaft mit Computern gearbeitet wurde, lernten junge Menschen, Programme zu schreiben und anzuwenden. Trotz Microsoft und anderer Großunternehmen ist die Software-Industrie bis heute in weiten Teilen handwerklich strukturiert.

Wegen der gewaltigen Vielfalt spezieller Anwendungen wird es stets Raum für Einzelne geben, die auf der Grundlage ihres ganz besonderes Wissens Software entwickeln. Es wird stets Marktnischen geben, in denen kleine Software-Hersteller überleben können. Das Handwerk der Software-Entwicklung wird nicht aussterben. Und das Gewerbe der kreativen Anwendung von Software wird sogar noch stärker florieren als deren Entwicklung. Die Vielfalt der Programme und die Fähigkeit, sie einzusetzen, haben ein ganzes Spektrum handwerklich strukturierter Industrien hervorgebracht, vom Desktop-Publishing bis hin zur computergestützten Konstruktion und Produktion. Ein großer Teil der dort agierenden Firmen verdankt ihre Entstehung den Naturwissenschaften. Das gilt selbst für weniger seriöse Anwendungen wie computergestützte Partnervermittlung oder Computerhoroskope.

Ein weiterer Komplex handwerklich strukturierter Unternehmen ist aus der Biologie hervorgegangen. Als meine jüngste Tochter sich vor der Aufnahme des Medizinstudiums ein wenig dazuverdienen wollte, arbeitete sie in einer kleinen Firma, die DNA-Bibliotheken herstellte. Dabei handelt es sich um Sammlungen standardisierter DNA-Proben. Sie werden an Labors verkauft, die sich mit genetischer Forschung oder medizinischer Diagnose befassen. Hat jemand zum Beispiel eine bakterielle Infektion oder eine Pilzinfektion, die sich nur schwer diagnostizieren lassen, kann man auf eine Bibliothek aus DNA-Proben bekannter Bakterien oder Pilze zurückgreifen, um den unbekannten Erreger zu identifizieren, der die betreffende Infektion verursacht. Eine kleine Biotech-Firma kultiviert die Bakterien und Pilze, extrahiert die DNA und stellt daraus Bibliotheken zusammen – eine typische Kleinindustrie auf handwerklicher Grundlage, wie wir sie in unserer Zeit antreffen. Die von solchen Spezialfirmen zusammengestellten Bibliotheken sind billiger und zuverlässiger als Probensammlungen, die der Anwender selbst herstellt. Die Mitarbeiter der Firma sind stolz auf ihre Arbeit und sorgen für allergrößte

Qualität. Sie liefern ihre Bibliotheken in die ganze Welt, wie einst die Kesselhersteller in Yorkshire ihre Kessel. Meine Tochter hatte Spaß an ihrer Arbeit und zeigte auch Talent dafür – vielleicht spielten hier ein paar Chromosomen ihres Urgroßvaters eine gewisse Rolle.

Die Wissenschaft ist in beständigem Wandel, und auch die Kleinindustrien, die daraus hervorgehen, müssen sich verändern. Technologien erleben ihren Aufstieg und ihren Niedergang; Moden kommen und gehen. In der Zukunft werden viele der heutigen Kleinbetriebe sich konsolidiert haben, und neue Unternehmen müssen sich nach anderen Nischen umsehen. Die erfolgreichsten neuen Unternehmen entstehen heute im Bereich der Software und der Biotechnologie. In Zukunft wird sich der Schwerpunkt vielleicht auf die Neurophysiologie oder die Ökologie verlagern, mit neuen, bislang noch gar nicht erfundenen Technologien oder neuen Wissenschaften, die noch gar keinen Namen haben. Zwei Dinge werden sich jedoch nicht ändern. Die Wissenschaft wird weiterhin unvorhersehbare neue Ideen und Möglichkeiten hervorbringen. Und die Menschen werden weiterhin mit neuen Fertigkeiten und Erfindungen auf neue Ideen und Möglichkeiten reagieren. Wir werden auch in Zukunft Werkzeug herstellende Tiere sein, und die Wissenschaft wird auch in Zukunft die in unseren Genen angelegten schöpferischen Kräfte freisetzen.

* * *

Manche wissenschaftlichen Revolutionen gehen aus der Erfindung neuer Instrumente zur Beobachtung der Natur hervor, andere aus der Entdeckung neuer Konzepte zum Verständnis der Natur. Die Historiker Peter Galison und Thomas Kuhn haben den Prozess der wissenschaftlichen Entdeckung in der Neuzeit tiefgreifend erforscht. Galisons großes Werk *Image and Logic* erschien 1997, Kuhns *Die Struktur wissenschaftlicher Revolutionen* bereits dreißig Jahre vorher. Kuhn starb, bevor er Gelegenheit gehabt hätte, seine Meinung über Galisons Buch zu äußern. Sowohl Galison als auch Kuhn waren Physiker, bevor sie Historiker wurden. Beide interessierten sich hauptsächlich für die Geschichte der Physik, und beide beherrschten sowohl die technischen Einzelheiten der Physik als auch die geisteswissenschaftlichen Grundlagen der Geschichtsschreibung. Dennoch gelangten sie zu völlig verschiedenen Auffassungen der Wissenschaftsgeschichte. Ihre beiden Bücher haben fast gar nichts gemein. Galisons Buch enthält Hunderte von Abbildungen wissenschaftlicher Instrumente; Kuhns Buch enthält ausschließlich Worte. Für Galison sind neue Instrumente die treibende Kraft im Prozess der wissenschaftlichen Entdeckung, für Kuhn dagegen neue Konzepte. Beide Bilder sind richtig, und keines ist vollständig. Der wissenschaftliche Fortschritt braucht neue Konzepte und neue Werkzeuge.

Der Unterschied zwischen Galison und Kuhn liegt hauptsächlich in der Betonung. Kuhn stellt Ideen in den Vordergrund, Galison Dinge.

Unglücklicherweise beherrschte Kuhns Buch das Bild der Geschichte dreißig Jahre lang, bevor Galisons Buch erschien, um das Gleichgewicht wieder herzustellen. Kuhns Buch wurde zum Klassiker und vermittelte seinen nichtwissenschaftlichen Lesern ein einseitiges Bild der Naturwissenschaft. Kuhn schrieb über Kämpfe zwischen rivalisierenden Konzepten und erzeugte bei manchen seiner Leser den Eindruck, Wissenschaft sei weitgehend eine subjektive Angelegenheit, ein Kampf zwischen widerstreitenden Sichtweisen statt ein objektiver Wettstreit zwischen der Präzision von Instrumenten und der Mehrdeutigkeit der Natur. Kuhn betrachtete die Naturwissenschaft aus der Sicht eines theoretischen Physikers; er nahm die Versuchsergebnisse als gesichert und beschrieb die großen Sprünge in der theoretischen Vorstellungskraft, die uns in die Lage versetzen, diese Daten zu verstehen. Galison betrachtete die Naturwissenschaft aus der Perspektive eines Experimentalphysikers und beschrieb die großen Sprünge in der technischen und organisatorischen Praxis, die uns in die Lage versetzen, neue Daten zu gewinnen. Obwohl ich selbst Theoretiker bin, erscheint mir Galisons Sicht der Naturwissenschaft angemessener. Die meisten theoretischen Physiker neigen der gegenteiligen Auffassung zu; sie haben mehr Achtung vor der Philosophie und weniger Respekt vor dem Basteln. Die Wissenschaft, die ich in diesem Buch beschreibe, ist Galisons Wissenschaft; sie basiert eher auf dem geschickten Einsatz von Werkzeugen als auf philosophischen Argumenten. Für mich ist Wissenschaft eine handwerkliche Praxis, die der Herstellung eines Dampfkessels näher steht als der Philosophie.

Die treibende Kraft hinter den meisten wissenschaftlichen Revolutionen der neueren Zeit waren neue Instrumente, das gilt etwa für die Revolution der Doppelhelix in der Biologie oder die des Urknalls in der Astronomie. Dennoch kommt es auch vor, dass neue Konzepte die treibende Kraft bilden. Ein gutes Beispiel aus neuerer Zeit ist die plattentektonische Revolution, zu der es kam, als die internationale Gemeinschaft der Geologen in den 60er Jahren sich recht plötzlich von der Auffassung abwandte, wonach die Kontinente unbeweglich sind, und zu der Überzeugung gelangte, dass die Kontinente sich auf großen Gesteinsplatten über die Erde bewegen. Die Belege für die Bewegung der Kontinente hatte schon lange vorher der deutsche Meteorologe Alfred Wegener gesammelt und 1915 in einem Buch veröffentlicht, aber fünfzig Jahre lang ignorierte man diese Belege, weil sie der herrschenden Lehre widersprachen. Es gab keinen konsistenten begrifflichen Rahmen, in den die Kontinentaldrift gepasst hätte. Die herrschende Lehre brach dann sehr schnell zusammen, als in den 60er Jahren ein Konzept entwickelt wurde, wonach die Kontinente auf bewegten Platten liegen, die aus ozeanischem Krustengestein bestehen. Nach dem neuen Konzept entstehen die Platten an den mittelozeanischen Rücken und sinken auf der anderen Seite an den Tiefseegräben wieder ab. Diese Revolution folgte ganz dem von Kuhn beschriebenen Muster. Tatsachen, die irrelevant erschienen, solange sie den akzeptierten Konzepten widersprachen, wurden plötzlich bedeutsam, als die Konzepte sich änderten und die Tatsachen verständlich wurden. Das neue Konzept der Plattentektonik ließ alles in ganz anderem Licht erscheinen. Nach der Revolution schien es kaum noch nachvollziehbar, warum Wegeners Belege so lange ignoriert worden waren. Nach Kuhn kommt es zu einer von Konzepten vorangetriebenen Revolution, wenn eine ganze Generation von Wissenschaftlern plötzlich auf lange vernachlässigte Fakten reagiert, die den herrschenden Dogmen widersprechen. Die Reaktion erfolgt so plötzlich, weil sie warten muss, bis neue Konzepte entstanden sind.

Wenn eine neue Religion begründet wird, geben die Anhänger sich häufig strenger als der Religionsstifter. So geschah es auch unter Anhängern Thomas Kuhns. Kuhn selbst hatte nie die Absicht, eine Religion zu stiften. Aber eine Gruppe von Philosophen und Wissenschaftshistorikern bezeichnen sich selbst als Kuhnianer und vertreten weitaus extremere Ansichten als ihr Vorbild. Manche Kuhnianer behaupten, die Anerkennung neuer wissenschaftlicher Theorien basiere eher auf politischen und ökonomischen Machtkämpfen als auf wissenschaftlichen Beweisen. Vor einigen Jahren hatte ich das Glück, Kuhn auf einer wissenschaftlichen Konferenz zu begegnen, und beklagte mich bei ihm über den Unsinn, der mit seinem Namen verbunden würde. Er reagierte ausgesprochen zornig und erklärte mit lauter Stimme, so dass alle im Saal ihn verstehen konnten: »Eines muss ich hier klarstellen: Ich bin kein Kuhnianer.« Kuhn hat niemals behauptet, Wissenschaft sei ein politischer Machtkampf. Wenn einige seiner Anhänger sagen, er bestreite die objektive Geltung von Wissenschaft, so weil er die Rolle der

Ideen in der Wissenschaft allzu sehr betonte und dabei die Rolle empirischer Daten unterschätzte. Er begann seine Laufbahn als theoretischer Physiker. Hätte er sie als Biologe begonnen, wäre ihm dieser Fehler nicht unterlaufen. Denn das Wesen ihres Fachgebiets zwingt Biologen, sich mehr mit Tatsachen als mit Theorien zu beschäftigen.

Die Debatte über die objektive Geltung von Wissenschaft wurde kürzlich durch einen gelungenen Scherz belebt. Eine der Fachzeitschriften, die sich mit der soziologischen Analyse der Wissenschaften befassen, führt den Namen *Social Text*. Sie veröffentlicht Arbeiten extremerer Anhänger der Lehre, wonach man die Wissenschaft als soziales Konstrukt verstehen kann, ohne dabei sonderlich auf ihre jeweiligen Gegenstände eingehen zu müssen. Alan Sokal, theoretischer Physiker an der New York University, hielt eine Vorlesung, in der er Studenten geistes- und sozialwissenschaftlicher Fächer Grundelemente der Naturwissenschaften erläuterte. Zu seinem Missvergnügen bemerkte er, dass viele Studenten seiner Vorlesung und die Professoren, bei denen sie Geistes- oder Sozialwissenschaften studierten, tatsächlich glaubten, was sie in *Social Text* lasen. Da beschloss er, dem Anspruch der Zeitschrift mit dem Mittel der Satire entgegenzutreten. Er schrieb einen satirischen Aufsatz mit dem Titel »Grenzüberschreitungen:

Versuch einer transformativen Hermeneutik der Quantengravitation«, in dem er den Stil und die politische Grundhaltung der Zeitschrift perfekt imitierte. Die politische Grundhaltung findet sich wunderbar in Sokals Schlussabsatz persifliert. Hier ein par Sätze daraus:

Der Hauptstrom der westlichen Naturwissenschaft stützt sich seit Galilei auf die Sprache der Mathematik. Aber um wessen Mathematik handelt es sich da? Die Frage ist von grundlegender Bedeutung, denn wie Aronowitz bemerkt hat, sind weder Logik noch Mathematik frei von der Kontaminierung durch das Soziale. Und wie feministische Denkerinnen wiederholt gezeigt haben, ist diese Kontaminierung in der heutigen Kultur überwältigend kapitalistischen, patriarchalen und militaristischen Charakters. Eine freiheitliche Wissenschaft ist daher nicht vorstellbar ohne eine vollständige Revision des mathematischen Kanons.

Der Aufsatz las sich wie ein typischer Beitrag der Zeitschrift *Social Text*, war in Wirklichkeit aber nur eine Ansammlung unsinniger Thesen. Die Quantengravitation ist ein esoterischer Zweig der theoretischen Physik, weit entfernt von jeglichen sozialen oder politischen Interessen. Sokal schickte seinen

Aufsatz den Herausgebern der Zeitschrift; sie publizierten ihn und demonstrierten damit, dass sie den Unterschied zwischen Sinn und Unsinn nicht zu erkennen vermochten. Es war ein veritabler Sieg; der Witzbold hatte die Angeber überlistet.

Im selben Jahr, als Sokal seinen Aufsatz schrieb, veröffentlichte Peter Galison sein großartiges Buch *Image and Logic* und rückte darin das Bild der wissenschaftlichen Entwicklung als eines politischen Machtkampfes auf solidere Weise zurecht. Er beschreibt die Naturwissenschaft aus der Sicht des Instrumentenbauers. Am Anfang des Buches heißt es:

Dieses Buch handelt von den Maschinen der Physik ... Von Bildern und Impulsen. Ich will wissen, woher sie kamen; wie Bilder und Zählergebnisse die Grunddaten der Physik wurden. Als der Göttinger Zahlentheoretiker Edmund Landau einmal von Dingen reden hörte, die ihm allzu sehr dem Bereich der angewandten Wissenschaft anzugehören schienen, sagte er mit verächtlichem Blick: Schmieröl. Aber genau das möchte ich wissen: Wie kam es, dass all diese Maschinen, diese Gase, Chemikalien und elektronischen Apparate Tatsachen aus dem theoretisch am stärksten ausformulierten Quadranten der Natur zu liefern vermögen. Historisch, historiographisch und philosophisch bewegt sich dieses Buch kreuz und quer durch die Physik, um den Ort zu erkunden, an dem das Schmieröl mit Versuchsergebnissen und theoretischen Konstrukten zusammentrifft.

Galison unterschätzt durchaus nicht die Bedeutung politischer Machtkämpfe. Viele der dramatischsten Passagen seines Buches beschreiben Machtkämpfe, in denen die Titanen der Experimentalphysik um die Geldmittel kämpfen, die sie für ihre Instrumente und Experimente benötigen. Aber die von Galison beschriebenen Machtkämpfe sind ganz andere, als sie in *Social Text* beschrieben werden. Die Kuhnianer reden von ideologischen Kämpfen, bei denen Adjektive wie »links« oder »rechts«, »kapitalistisch« oder »sozialistisch«, »männlich« oder »weiblich« die entscheidende Rolle spielen. Galison spricht von praktischen Kämpfen, bei denen es um die Frage geht, wessen Maschine gebaut, wessen Detektor eingesetzt, wessen Theorie überprüft wird. Wenn diese Kämpfe gewonnen oder verloren sind, werden Experimente ausgeführt, und über die Ergebnisse entscheiden Instrumente und die Natur. Sind die Instrumente schlecht, ist die Stimme der Natur nur undeutlich zu vernehmen. Sind die Instrumente gut, gibt die Natur auf eine klare Frage eine klare Antwort. Das Ergebnis des Experiments hängt von der Natur und von der Qualität der Instrumente ab, nicht von der Ideologie des Experimentators.

Eine der Heldinnen in Galisons Geschichte ist die Physikerin Marietta Blau, die von 1923 bis 1938 am Radium-Institut in Wien arbeitete. Sie stammte aus einer kultivierten jüdischen Familie, trat jedoch nicht in den väterlichen Musikverlag ein. Statt dessen vollbrachte sie Pionierleistungen in der Kunst, fotografische Emulsionen als Detektoren für Elementarteilchen einzusetzen. Sie begann mit dem üblichen Röntgenfilm, wie ihn die Zahnärzte benutzten, und erhöhte schrittweise die Empfindlichkeit der Emulsion, bis sie eine sichtbare Spur aufzeichnete, wenn ein hochenergetisches Teilchen die Schicht durchquerte. In ihren Händen wurde die fotografische Emulsion zu einem leistungsfähigen Instrument der Teilchenphysik. Gegenüber der Nebelkammer, dem bis dahin vorherrschenden Instrument, besaß die Emulsion zwei Vorteile. In der Emulsion war die Teilchenspur eindeutiger lokalisiert und weniger diffus als in der Nebelkammer. Und die Emulsion blieb über längere Zeit empfindlich, während die Empfindlichkeit der Nebelkammer sich auf Bruchteile von Sekunden beschränkte. Nach dem Zweiten Weltkrieg waren fotografische Emulsionen für einige Jahre das wichtigste Instrument der Teilchenphysik;

mit ihrer Hilfe gelang es Powell in England, neue Teilchen zu entdecken, die dieses Gebiet revolutionieren sollten. Marietta Blaus Arbeit aber hatte schon vorher ein abruptes Ende gefunden, denn nach dem Anschluss Österreichs musste sie nach Mexiko ins Exil gehen. Sie hatte niemals Gelegenheit, die Ernte der Entdeckungen einzufahren, die ihre Emulsion ermöglicht hatte. Am Ende ihres Lebens kehrte sie nach Österreich zurück, wo ein überlebender Bruder sich um sie kümmerte. Die fotografische Emulsion wurde schon bald weitgehend von elektronischen Detektoren verdrängt, doch in speziellen Bereichen ist sie immer noch ein nützliches Instrument. Hitler hatte Marietta Blaus berufliche Laufbahn zerstört, aber er konnte nicht die von ihr geschaffenen Instrumente zerstören und auch nicht die wissenschaftliche Revolution, die ihre Instrumente auslösten.

Die Kuhnianer haben ihre soziologische Analyse auch auf die Biologie ausgedehnt, doch die Biologie ist nicht so anfällig wie die Physik, weil die Biologen näher an der von ihnen erforschten Natur arbeiten. Gelegentlich können soziologische Analysen der Biologie und der Medizin auch erhellend sein. Ein Beispiel ist Emily Martins Arbeit über das menschliche Immunsystem, wie es sich in der Volkskultur der letzten hundert Jahre spiegelt; darin fand sie überraschende Übereinstimmungen zwischen der Immunologie und dem Reden und Denken der Menschen. Weniger überzeugende Analysen haben zu zeigen versucht, dass die Viren ein soziales Konstrukt seien. Es fällt schwer, überzeugende Argumente gegen die reale Existenz von Viren zu finden. Hätte ein Virologe den Herausgebern der Zeitschrift *Social Text* einen Aufsatz mit dem Titel »Membranüberschreitungen: Versuch einer transformativen Hermeneutik des Viralgenoms« unterbreitet, hätten sie den Scherz wohl durchschaut und den Beitrag abgelehnt. Virologen arbeiten nahe an der Natur. Ganz allgemein halten medizinische Forscher sich eng an die Natur und schenken Philosophen wenig Beachtung.

Das Virus ist ein Werkzeug, keine Theorie; ein Werkzeug für die medizinische Praxis wie auch für den Fortschritt der Wissenschaft. In sechzig Jahren brillanter Arbeit haben die Experimentalvirologen dafür gesorgt, dass wir heute sehr viel über die Struktur der Viren wissen. Wir wissen recht gut, woraus Viren bestehen. Aber wir wissen noch recht wenig über ihre Funktionsweise. Da es zu ihrer Funktionsweise gehört, in größere Lebewesen einzudringen, sie zu schwächen oder zu zerstören, können wir die Funktionsweise der Viren nur verstehen, wenn wir die Funktionsweise dieser größeren Lebewesen verstehen. Darum sind Viren ausgezeichnete Instrumente zur Erforschung größerer Lebewesen. Die Infizierung einer Zelle ist gleichsam ein operativer Eingriff, den die Natur selbst vornimmt. Hätte die Natur die Viren nicht bereits erfunden, müssten wir sie selbst erfinden. Als Werkzeuge vereinen sie zahlreiche Vorzüge in sich, die man nur selten zusammen antrifft: Standardisierung und Vielfalt, Reproduzierbarkeit und Formbarkeit, Robustheit und Spezifität, Präzision und geringe Kosten.

Eine der zukünftigen wissenschaftlichen Revolutionen wird wahrscheinlich von der Technologie künstlicher Viren ausgehen. Schon heute ist es möglich, ein vollständiges Virus aus seinen Bestandteilen zusammenzusetzen, sofern die Sequenzen der Nukleinbasen in seinen Genen bekannt sind. Wenn wir erst die Funktionsweise der Viren und der von ihnen befallenen Zellen verstehen, werden wir synthetische Viren als Instrumente zur Erforschung und Veränderung von Zellen einsetzen können. Synthetische Viren könnte man zum Beispiel dazu benutzen, in eine Zelle einzudringen und bestimmte Stoffwechselprozesse ein- oder auszuschalten, so dass wir die Folgen beobachten können.

Synthetische Viren könnten auch zur Klärung der Frage beitragen, auf welchen Wegen Zellen bösartig werden. Und man könnte durchaus auch von einem synthetischen Virus träumen, das zwischen gesunden und bösartigen Zellen zu unterscheiden vermag und den bösartigen Zellen ein Signal zur Selbstzerstörung gibt. Synthetische Viren geben uns berechtigten Anlass zu der Hoffnung, dass man eines Tages das Messer des Chirurgen und die schweren Gifte, die in der Chemotherapie eingesetzt werden, durch ein gezielter einsetzbares Instrument wird ersetzen können.

* * *

Die gentechnische Konstruktion von Viren und anderen Lebewesen wird neue wissenschaftliche Revolutionen auslösen und tiefgreifenden Einfluss auf das menschliche Leben haben. Gleichzeitig werden neue Beobachtungsinstrumente die Astronomie revolutionieren. Ich finde es erhellend, Biologie und Astronomie gemeinsam zu betrachten, weil ich hoffe, dass beide Fachgebiete etwas voneinander lernen können. Ich werde Geschichten über den Himmel und über das Genom erzählen und einige wissenschaftliche Revolutionen beschreiben, die zum Teil schon hinter uns liegen und zu einem anderen Teil bereits am Horizont sichtbar werden. Der Himmel drängt uns zur Erforschung des Universums, das Genom zur

Erkundung der Funktionsweise unseres Körpers und unseres Geistes. Hier sind zwei Geschichten zu erzählen von seltsamen Planeten und seltsamen Viren, von zwei Pionieren, die den Himmel und das Genom erforschen und dabei auf sonderbare Objekte stoßen, mit denen niemand gerechnet hat.

Die Pluralität der Welten war Gegenstand theologischer Spekulation, lange bevor sie zum Gegenstand wissenschaftlicher Beobachtung werden konnte. Schon im 16. Jahrhundert behauptete Giordano Bruno, die Schöpfung zahlreicher Welten sei der göttlichen Größe angemessener als die Schöpfung einer einzigen Welt. In ganz Europa trug er seine Lehre katholischen und protestantischen Kreisen vor, und vielerorts stieß er damit auf reges Interesse. Erst als er den Fehler machte, in seine Heimat Italien zurückzukehren, geriet er in große Schwierigkeiten. Er wurde festgenommen, nach Rom gebracht, von der Inquisition als Ketzer verurteilt und schließlich auf dem Scheiterhaufen verbrannt.

Doch sein Tod bedeutete nicht das Ende seiner Lehre. Als die katholische wie auch die protestantische Kirche Schritt für Schritt toleranter wurde, galt der Gedanke einer Pluralität der Welten nicht länger als todeswürdige Ketzerei, sondern bildete einen akzeptablen Gegenstand für Predigten und Hymnen. Und als im 18. Jahrhundert William Herschels Teleskop die unendliche Weite des astronomischen Universums enthüllte, beeilten sich liberale Kirchenmänner, die Millionen von Welten im All als Beweis für die Größe Gottes hinzustellen, zumal sie glaubten, dass die vielen Millionen Sterne von vielen Millionen Planeten begleitet würden. Im 20. Jahrhundert erlangte die Lehre von der Pluralität der Welten geradezu orthodoxen Status. Da die Sonne als typischer Stern gilt, scheint es vernünftig, anzunehmen, dass auch andere Sterne von Planeten umkreist werden.

Fast sechzig Jahre lang, angefangen in den 30er Jahren, suchten Astronomen vergeblich nach Hinweisen auf Planeten anderer Sterne. Dann, 1992, wurde die erste Familie extrasolarer Planeten von Alexander Wolszczan entdeckt, einem jungen Radioastronomen, der an der Pennsylvania State University lehrt. Die Nachricht von der Entdeckung wurde von den Astronomen in Princeton mit einiger Skepsis aufgenommen. Ich hatte das Glück, dabei zu sein, als Wolszczan nach Princeton kam, um sich seinen skeptischen Kollegen zu stellen. Es war ein historischer Augenblick. Und es war ein ausgezeichnetes Beispiel für den Umgang des wissenschaftlichen Establishments mit jungen Leuten, die behaupten, eine große Entdeckung gemacht zu haben.

Alexander Wolszczan traf sich zum Lunch mit

etwa fünfzig Astronomen, die aus Princeton und benachbarten Universitäten zusammengekommen waren. Das Gespräch war informell und an der Oberfläche freundlich, aber es lag Hochspannung in der Luft. Wolszczan behauptete, Planeten gefunden zu haben, die um einen Stern ganz falscher Art kreisten, nicht um einen normalen Stern wie die Sonne, sondern um ein winziges, sehr schnell rotierendes Objekt, das die Astronomen als Millisekundenpulsar bezeichnen. Ein größerer Unterschied zur Sonne ist kaum vorstellbar. Millisekundenpulsare sind kollabierte Sternüberreste von wenigen Kilometern Durchmesser, die entstehen, wenn Riesensterne am Ende ihres Lebens explodieren.

Durch die Explosion wird die gewaltige Hülle des Sterns in den Raum hinaus geschleudert, so dass nur der winzige kollabierte Kern zurückbleibt. Hätte der Riesenstern vor der Explosion Planeten besessen, wäre es unwahrscheinlich, dass einer von ihnen überlebt hätte und weiterhin um den zurückgebliebenen Kern kreiste. Ebenso schwer konnte man sich vorstellen, dass aus den explodierenden Trümmern neue Planeten entstünden, denn der Stern stößt die Trümmer mit gewaltiger Geschwindigkeit ins All hinaus. Daher galten die Millisekundenpulsare den Astronomen gemeinhin als der Sterntyp, bei dem noch die geringste Wahrscheinlichkeit bestand, auf

Planeten zu stoßen. Dieser Ansicht war auch Wolszczan. Planeten waren das Letzte, was er zu finden erwartete, als er seinen Pulsar zu beobachten begann. Er suchte gar nicht nach Planeten. Und dass er Planeten gefunden hatte, begann er erst zu glauben, als alle anderen Erklärungen für seine Beobachtungen sich als unhaltbar erwiesen hatten.

Der Beweis für Wolszczans Planeten war gänzlich indirekter Natur. Direkt gemessen hatte er ausschließlich Dauer und zeitlichen Abstand der Radioimpulse, die der Pulsar ausstrahlte, während er sich mehrere hundert Mal pro Sekunde um seine Achse drehte. Die Messungen waren außergewöhnlich präzise; neue Instrumente, neue Uhren und neue Computerprogramme hatten sie erst möglich gemacht. Pulsare sind selbst Uhren, ihre Impulse besitzen eine Regelmäßigkeit, wie sie nur die besten von Menschen geschaffenen Uhren erreichen. Als Wolszczan die Pulsaruhr über mehrere Jahre hinweg mit seinen Atomuhren verglich, wobei er eine Messgenauigkeit von Mikrosekunden erreichte, bemerkte er seltsame Abweichungen. Die Impulsfolge veränderte sich, wurde gelegentlich schneller und dann wieder langsamer, und zwar in einer Weise, die sich durch die störendenen Einflüsse zweier den Pulsar umkreisender Planeten erklären ließ. Aus dem detaillierten Muster der Abweichungen konnte

Wolszczan die Umlaufbahnen der beiden Planeten erschließen, und er gelangte zu dem Schluss, dass beide etwa dreimal so schwer wie die Erde sein mussten.

Die wichtigsten unter den neuen Instrumenten, die Wolszczans Entdeckung ermöglichten, waren Computerprogramme. Der technische Fortschritt im Bereich der Astronomie hat heute mehr mit Software als mit Hardware zu tun. Das Teleskop, das Wolszczan für seine Beobachtungen benutzte, das große Radioteleskop von Arecibo in Puerto Rico, war damals bereits vierzig Jahre alt. Die Software dagegen, mit der er die Signale des Pulsars extrahierte, war neu. Der Pulsar mit der unregelmäßigen Impulsfolge ist äußerst schwach, und wegen dieser Unregelmäßigkeit lassen sich diese Impulse noch schwerer auffangen als die Signale normaler Millisekundenpulsare. Nur dank einer eigens dafür entwickelten Software war es möglich, die schwache Modulation des Pulsars aus dem lärmenden Hintergrundrauschen herauszulösen, in dem sie unterzugehen drohte. Die Glaubwürdigkeit der von Wolszczan gemachten Entdeckung hing daher vollständig von der Glaubwürdigkeit seiner Computerprogramme ab. Wenn er seine Kollegen von der Existenz der Planeten überzeugen wollte, musste er sie davon überzeugen, dass seine Programme fehlerfrei waren.

Wenn ein guter Wissenschaftler eine bedeutende Entdeckung macht, versucht er zunächst einmal zu beweisen, dass es sich um einen Irrtum handelt. Bevor Wolszczan irgendjemandem von seiner Entdeckung berichtete, gab er sich alle Mühe, sie zu widerlegen. Immer wieder überprüfte er seine Instrumente und Computerprogramme, er suchte nach möglichen Quellen für interferierende Radiosignale und untersuchte jeden denkbaren Instrumenteneffekt, der ihn in die Irre geleitet haben mochte. Erst als alle Versuche scheiterten, seine eigene Deutung zu widerlegen, gab er die Entdeckung bekannt. So war er denn bestens vorbereitet, als er sich den in Princeton versammelten Astronomen stellte. Die Astronomen, die an der Existenz der Planeten zweifelten, stellten ihm zahlreiche Fragen, wie ein Staatsanwalt sie einem Beschuldigten stellen mag, und versuchten, Schwachpunkte in seiner Analyse aufzudecken. Wolszczan beantwortete jede Frage ruhig und vollständig und zeigte damit, dass er sich diese Frage bereits selbst gestellt und beantwortet hatte. Am Ende des Lunchs gab es keine Fragen mehr.

Wolszczan bestand seine Prüfung und die Skeptiker spendeten ihm freundlichen Beifall. Genau so sollte Wissenschaft funktionieren: Wolszczans Planeten behaupteten ihre Existenz gegen jede theoretische Erwartung, und Wolszczan überwand dank seiner Fähigkeiten und seiner Integrität den Widerstand seiner älteren Kollegen.

Als die Entdeckung der beiden größeren Planeten bekannt gegeben und allgemein akzeptiert worden war, setzte Wolszczan seine Arbeit fort und entdeckten einen dritten, sehr viel kleineren Planeten, der den Pulsar in geringer Entfernung mit einer kurzen Umlaufzeit umkreisen sollte. Diese Umlaufzeit wurde mit 25,34 Tagen berechnet. Unglücklicherweise ist das genau die Zeit, die unsere Sonne benötigt, um sich einmal um ihre eigene Achse zu drehen. Bei ihrer Rotation nimmt die Sonne ein erweitertes Magnetfeld und Sonnenwinde mit, die Einfluss auf die zeitliche Struktur der von Pulsaren zu uns gelangenden Impulse haben können. Eine periodische Modulation derselben Periode wurde kürzlich bei einem Radiosignal der Raumsonde Pioneer 10 entdeckt, die sich weit jenseits des Pluto von der Sonne weg bewegt. Die Modulation des von Pioneer 10 ausgesendeten Signals geht ohne Zweifel auf die Rotation der Sonne zurück. Darum existiert der dritte Planet wahrscheinlich nicht. Dieser Irrtum zeigt, wie leicht selbst ein erstklassiger, äußerst sorgfältiger Beobachter sich täuschen kann. Aber die beiden größeren Planeten existieren tatsächlich, und ihre Entdeckung verliert nicht deshalb an Bedeutung, weil der dritte Planet sich als Täuschung erwies.

Bis 1997 haben andere Astronomen zehn weitere Planeten außerhalb unseres Sonnensystems entdeckt. In der Astronomie wie auch in anderen Zweigen der Naturwissenschaft ist es stets leichter, weitere Exemplare eines neuartigen Objekts zu finden, wenn das erste entdeckt worden ist. Die Astronomen, die die späteren Entdeckungen machten, hatten nicht mehr mit so viel Skepsis zu kämpfen wie Wolszczan. Und noch in zwei anderen Punkten unterscheiden sich die später entdeckten Planeten von den beiden, die Wolszczan fand. Erstens gehören sie zu gewöhnlichen Sternen von der Art unserer Sonne und nicht zu Millisekundenpulsaren. Zweitens haben diese Planeten sehr viel größere Massen; sie sind mehrere hundert Mal so schwer wie unsere Erde, während Wolszczans Planeten nur die dreifache Erdmasse besitzen. Und das war auch gar nicht anders zu erwarten. Denn wenn Planeten eines normalen Sterns aufgespürt werden sollen, müssen sie eine dem Jupiter vergleichbare Masse haben. Aus menschlicher Sicht sind die Planeten am interessantesten, die eine der Erde vergleichbare Masse haben und zu einem sonnenähnlichen Stern gehören, aber gerade solche Planeten lassen sich mit den heutigen Instrumenten nicht aufspüren. Planeten von ähnlicher Größe wie die Erde sind im Augenblick nur dann aufzuspüren, wenn sie zu einem Millisekundenpulsar gehören. Und so ist es kein Zufall, wenn die einzigen Planeten mit einer der Erde vergleichbaren Masse die von Wolszczan entdeckten sind. Die allermeisten Astronomen sind nach den neuesten Entdeckungen davon überzeugt, dass es im Universum eine gewaltige Zahl von Planeten gibt, die eine Masse von der Größe der Erdmasse besitzen und zu sonnenähnlichen Sternen gehören. Aber diese Planeten werden wir erst finden können, wenn wir geeignete neue Instrumente oder Beobachtungstechniken entwickelt haben.

Wolszczans Besuch in Princeton erinnerte mich an ein ähnlich dramatisches Ereignis fünfzehn Jahre zuvor. Damals hieß der Besucher Fred Sanger.

Fred Sanger ist im Genom ebenso zu Hause wie Alexander Wolszczan am Himmel. Er ist Molekularbiologe und hat die technischen Hilfsmittel zur Bestimmung der Nukleinbasensequenzen in langen DNA-Ketten entwickelt. Er gehört zu den großen Instrumentenbauern unserer Zeit. Ich erinnere mich noch lebhaft an seinen Besuch in Princeton, bei dem er über seine Sequenzbestimmung der 5375 Nukleinbasen im Genom des Virus ϕ X174 sprach. Das ist mehr als zwanzig Jahre her, und damals, 1977 oder 1978, war die Sequenzierung von fünftausend Nukleinbasen noch ein heroisches Unterfangen. Er beschrieb, wie er die Sequenzbestimmung vorgenommen hatte und in welcher Weise die Gene auf der DNA angeordnet waren. Das Erstaunliche an diesem Genom war die Tatsache, dass die Gene einander überlappten. Was heißt das? Ein Gen ist eine lange Kette von Nukleinbasen, die wie eine schriftliche Nachricht funktioniert und Auskunft darüber gibt, wie Proteine, die Grundbausteine aller lebenden Zellen, hergestellt werden.

Die Nukleinbasenketten kann man sich als Folgen von Buchstaben des Alphabets vorstellen, zum Beispiel ABCDEFGHIJKLMN. Die DNA in diesem Virus bildet jedoch einen geschlossenen Ring, so dass man sich die Nukleinbasenkette als geschlossenen Kreis von 5375 Buchstaben ohne Anfang und ohne Ende vorstellen muss. Sowohl vor dem A als auch nach dem N befindet sich eine große Zahl von Buchstaben. Ein typisches Gen enthält mehrere hundert solcher Buchstaben. Die Zelle liest jeweils drei Buchstaben, um sie in ein Eiweißmolekül zu übersetzen. Das heißt, die Zelle muss sich entscheiden, wo sie mit dem Lesen beginnt. Beginnt sie bei A, wird das Protein durch die Triplets ABC, DEF, GHI, JKL usw. spezifiziert. Beginnt sie bei B, wird das Protein durch die Triplets BCD, EFG, HIJ, KLM usw. spezifiziert. Beginnt sie bei C, wird das Protein durch die Triplets CDE, FGH, IJK, LMN usw. spezifiziert. Die drei unterschiedlichen Lesarten werden als Leseraster bezeichnet. Für dieselbe Buchstabenfolge ergeben die drei Leseraster vollkommen verschiedene Proteine. Die DNA enthält auch spezielle Buchstabenfolgen, die als Startcodons bezeichnet werden; sie stehen vor dem Gen und sagen der Zelle, wo sie mit dem Lesen beginnen soll.

Bevor Fred Sanger die Sequenzierung seines Virus vornahm, hielten alle Biologen es für selbstverständlich, dass jede Buchstabenfolge auf der DNA nur auf eine Weise gelesen werden konnte. Wenn sich zum Beispiel die Triplets ABC, DEF, GHI, JKL sinnvoll in Proteine übersetzen ließ, dann schien es ihnen äußerst unwahrscheinlich, dass auch die Triplets BCD, EFG, HIJ, KLM oder CDE, FGH, IJK, LMN sinnvoll sein und in brauchbare Proteine übersetzt werden könnten. Alle waren überzeugt, die DNA enthielte ein Startcodon, welches das Leseraster eindeutig festlegte. Sagte das Startcodon: »Beginne bei A«, dann war damit alles klar. Eine Zelle, die irrtümlich bei B begann, konnte dagegen nur Schrott produzieren. Sanger berichtete nun, dass er in seinem Virus lange DNA-Abschnitte gefunden hatte, die in einem Leseraster für ein Protein codierten und zugleich in einem anderen Leseraster für ein anderes Protein. Es gab sogar einen kurzen Abschnitt, der in zwei Leserastern codierte und zugleich als Startcodon für ein drittes Gen fungierte. Wie war das möglich? Wie konnte eine Sequenz in verschiedenen Leserastern gleichzeitig Sinn ergeben? Ich konnte mir nicht recht vorstellen, dass ein Virus so klug sein sollte. Doch dann erinnerte ich mich an Mozart. Zu dieser Zeit war meine jüngste Tochter zehn Jahre alt, und sie lernte Geige spielen. Eines ihrer Übungsstücke war ein Duett für zwei Violinen. Ich spielte ebenfalls Geige, nicht so gut wie sie, aber doch gut genug, um ein einfaches Duett mit ihr zu spielen. Bemerkenswert an diesem Duett war nun, dass beide Parte auf demselben Blatt standen. Die beiden Violinisten stellen sich an entgegengesetzte Seiten eines Tischs und legen das Notenblatt zwischen sich. Der eine spielt die Partitur von oben nach unten, der andere in der entgegengesetzten Richtung. Und es klingt gut. Die beiden Violinstimmen passen gut zueinander, und es gibt einen interessanten Kontrapunkt. Das Duett ist zwar keine große Musik, aber durchaus sinnvoll. Selbst die Kreuze behalten ihren Sinn, obwohl sie sich auf andere Noten beziehen, wenn man das Blatt umdreht. Mozart konnte keine ♭-Vorzeichen verwenden, weil der Buchstabe ♭ nicht rotationssymmetrisch ist; daher schrieb er das Stück in G-Dur, denn in dieser Tonart gibt es keine ♭-Vorzeichen. Es muss ihm Spaß gemacht haben, das Stück zu komponieren. Ich glaube kaum, dass jemand anderes als Mozart so etwas geschafft hätte. Darum nenne ich

Sangers Virus gerne das Mozart-Virus. Es zeigt, dass die Natur ein Genom ebenso geschickt zu konstruieren vermag wie Mozart sein Duett. Wie das Duett, so ist auch das Mozart-Virus kein großartiges Kunstwerk, aber es ist ein großartiges Beispiel für die Erfindungskraft der Natur.

Molekularbiologie und Astronomie sind heute die beiden Wissenschaftszweige mit dem stärksten Wachstum, so wie vor fünfzig Jahren die Physik am schnellsten wuchs. Die Geschichte der Wolszczan-Plancten und des Mozart-Virus zeigen, dass überraschende Entdeckungen in den Naturwissenschaften häufig nicht auf neue Konzepte, sondern auf neue Instrumente zurückgehen. Sanger dachte nicht an neue Konzepte, als er sich entschloss, Virus ϕ X174 zu untersuchen. Dieses Virus war bereits gut bekannt; es infiziert die Kolibakterien, die friedlich in unserem Darm leben und uns bei der Verdauung unserer Nahrung helfen. Man hatte das Virus auch bereits mit einem Elektronenmikroskop fotografiert. Es besaß die Form eines eleganten kleinen regelmässigen Ikosaders mit zwanzig Dreiecksflächen. Auch die Gene waren bereits identifiziert und in groben Zügen mit gentechnischen Methoden kartiert worden. Sanger untersuchte dieses bekannte Virus mit einem neuen Instrument, der Plus-Minus-Methode, die er für die Sequenzanalyse der DNA entwickelt hatte.

Er nahm sich dieses Virus vor, weil er darin eine gute Übung für seine neue Methode erblickte: ein kleines, mit den verfügbaren Mitteln überschaubares und dennoch vollständiges Genom. Er benutzte das neue Instrument zur Erkundung eines neuen Terrains, ohne dabei eine Theorie im Kopf zu haben, die ihm sagte, was er dort finden würde. Die Tatsache, dass sein Virus überlappende Gene besaß, war für Sanger ebenso überraschend wie für alle anderen. Auch für Wolszczan war es vollkommen überraschend, dass ein Millisekundenpulsar Planeten besitzen sollte. Hier haben wir zwei typische Beispiele für Entdeckungen in den Naturwissenschaften. Die meisten Entdeckungen sind nicht geplant, sondern kommen überraschend. Und in der Regel weiß der Entdecker erst im Nachhinein, ob die Entdeckung bedeutsam oder unbedeutend ist. Das Mozart-Virus erwies sich als unbedeutend, Wolszczans Planeten dagegen als bedeutend, obwohl die beiden Entdeckungen auf ähnliche Weise erfolgten. Bedeutende Entdeckungen werden erst als solche erkannt, wenn sie eine wissenschaftliche Revolution ausgelöst haben.

* * *

Gegenwärtig sind zwei wissenschaftliche Großprojekte im Gang, die von zentraler Bedeutung für Biologie und Astronomie sind: das Human Genome Project und der Sloan Digital Sky Survey. Darin wendet man die Instrumente industrieller Organisation und Datenverarbeitung auf das Genom bzw. auf den Sternenhimmel an. Die Instrumente der Astronomie sind immer größer und teurer geworden, seit William Herschel vor zweihundert Jahren sein riesiges Spiegelteleskop baute, um das Universum jenseits unseres Sonnensystems zu erforschen. Wolszczan entdeckte seine Planeten mit dem Radioteleskop in Arecibo, der größten einschüsseligen Parabolantenne der Welt. Die Instrumente der Biologie sind kleiner, aber auch sie werden immer größer und teurer, seit die Biologen immer tiefer in den Aufbau der lebenden Zelle eindringen. Fred Sanger arbeitete in einem Labor mit recht bescheidener Ausrüstung, als er 1977 die Sequenzanalyse des Virus ϕ X 174 vornahm. Heute heißt er Sir Fred Sanger und leitet ein großes Unternehmen, das sich in großem Maßstab mit der Sequenzierung von Genomen befasst und eine wichtige Rolle in den internationalen Bemühungen um die Sequenzierung des menschlichen Genoms spielt.

Das Human Genome Project hat sich zum Ziel gesetzt, die gesamte Kette der drei Milliarden Buchstaben in der DNA des Menschen in derselben Weise zu lesen und aufzuzeichnen, wie Fred Sanger vor zwanzig Jahren die Kette der fünftausend Buchstaben in der DNA seines Virus gelesen hat. Das Projekt ist sehr langfristig angelegt und sehr teuer. Wahrscheinlich wird es fünfzehn Jahre dauern und drei Milliarden Dollar kosten, ein einziges Genom zu sequenzieren. Die Technik der Sequenzanalyse ist in einzelnen Teilen verbessert worden, hat sich seit 1977 jedoch nicht grundlegend verändert. Die wichtigste Erfindung seit 1977 ist die Polymeraseketten-Reaktion, ein geschickter chemischer Kunstgriff, der es gestattet, einzelne DNA-Moleküle zu vervielfältigen und so eine große Zahl identischer Kopien für die Sequenzanalyse herzustellen. Der Grundprozess der Sequenzbestimmung ist immer noch Nasschemie. Das heißt, die zu sequenzierende DNA wird verschiedenen in Wasser gelösten Reagenzien ausgesetzt, man bringt die Reaktionsprodukte in eine mit Gelatine gefüllte Schale und legt ein starkes elektrisches Feld an, das die Reaktionsprodukte durch die Gelatineschicht wandern lässt. Das dabei entstehende Muster der Reaktionsprodukte gibt Auskunft über die Sequenz. Diese Analyse wird heute nicht mehr von Hand, sondern maschinell durchgeführt, aber der Prozess ist immer noch zeitraubend, laborintensiv und häufig unzuverlässig.

Das Human Genome Project begann 1990 und sollte ursprünglich bis 2005 zum Abschluss gebracht werden. Mittlerweile ist bekanntlich mit einem früheren Abschluss dieser Unternehmung zu rechnen. Anders als die Genome von Viren verwendet das menschliche Genom nur einen kleinen Teil seiner DNA für die Codierung von Proteinen. Viren haben keinen Platz zu verschwenden und packen ihre Gene so dicht, dass manche sich sogar überlappen. Die menschliche Zelle dagegen hat viel Platz und kann sich Verschwendung erlauben. Nur etwa 3 Prozent des menschlichen Genoms codieren für Proteine. Selbst wenn wir die Sequenzen hinzuzählen, die der Regulation dienen und einzelne Gene ein- oder ausschalten sollen, machen die codierenden und regulierenden Sequenzen weniger als 10 Prozent des Genoms aus. Die übrigen 90 Prozent der DNA im Genom haben keine erkennbare Funktion, und niemand weiß, warum diese 90 Prozent da sind. Manche Biologen halten diese Bereiche für überflüssig und parasitär; sie würden durch den Prozess der DNA-Replikation gleichsam mitgeschleppt, ohne dem Organismus irgendeinen Nutzen zu bringen. Wahrscheinlicher ist jedoch, dass sie eine nützliche Funktion rein struktureller Art erfüllen. Möglicherweise besitzen 90 Prozent des Genoms keine präzise biologische Bedeutung. Unter diesen Umständen konzentriert sich die große Mehrzahl der an der Sequenzierung der menschlichen DNA beteiligten Biologen auf codierende Bereiche, die bekanntermaßen eine wichtige Funktion besitzen. Sie haben die vollständigen Genome einfacher Lebewesen wie Viren, Bakterien oder Protozoen sequenziert, deren Genome mit Genen vollgepackt sind und die wenig Platz für nichtcodierende Bereiche verschwenden können. Sie haben viele codierende Bereiche bei Mäusen oder Fruchtfliegen sequenziert. Das Ziel dieses Unternehmens ist die Identifizierung und Analyse der Gene. Die Gene sind für die Medizin bedeutsam. Gene machen uns krank oder gesund, »normal« oder »verrückt«, dick oder dünn. Was die medizinische Anwendung der Sequenzanalyse betrifft, gibt es keinen Grund, die Analyse der 90 Prozent des menschlichen Genoms zu forcieren, die in keinem erkennbaren Zusammenhang mit den Genen stehen.

Die Entscheidung der Organisatoren des Genomprojekts, die Sequenzierung des menschlichen Genoms bis 2005 mit den heute verfügbaren Methoden abzuschließen, war meines Erachtens nicht sonderlich klug. Diese Entscheidung basierte auf politischen Erwägungen und orientierte sich nicht an den Bedürfnissen der Wissenschaft und der Medizin. Da das Projekt mit dem erklärten Ziel begonnen wurde, die Sequenzierung innerhalb von fünfzehn Jahren abzuschließen, wurde der pünktliche Abschluss zu einer politischen Notwendigkeit. Da aber die vorhandenen Methoden der Sequenzanalyse zeitraubend und teuer sind, sorgte die Entscheidung, das Projekt bis 2005 abzuschließen, dafür, dass man den Löwenanteil der verfügbaren Mittel für Massenanalysen einsetzen muss. Die Erforschung neuer Sequenzierungsverfahren, die schneller und billiger sind, kam dabei zu kurz. Das Projekt förderte also nicht die Entwicklung von Sequenzierungsinstrumenten, für die keine Aussicht bestand, dass sie schnell in großem Maßstab eingesetzt werden konnten. Es wäre besser für die Wissenschaft gewesen, wenn die Organisatoren beschlossen hätten, den wissenschaftlich bedeutsamen Teil des Genoms mit den vorhandenen Methoden zu sequenzieren und zugleich intensiv nach besseren Sequenzierungsverfahren zu suchen. Dann hätte man den medizinisch bedeutsamen Teil des Projekts mit geringerem Kostenaufwand im gleichen Zeitraum abschließen können und viel Geld gespart, das sich in die Suche nach billigeren Analyseverfahren für den Rest des Genoms investieren ließe. In der Wissenschaft ist es ein Zeichen von Klugheit, wenn man die Ziele eines Projekts aufgrund neuer Forschungsergebnisse abändert. In der Politik dagegen ist so etwas ein Zeichen von Schwäche. Leider hat die Politik hier über die Wissenschaft gesiegt.

Der Sloan Digital Sky Survey ist ein weniger langfristiges und weniger kostenträchtiges Projekt, ein Gemeinschaftsunternehmen, an dem sich sieben Universitäten, darunter auch Princeton, beteiligen. Ziel des Projekts ist die Erstellung einer präzisen elektronischen Karte des nördlichen Sternhimmels. Dabei wird der gesamte nördliche Sternhimmel mit Digitalkameras fotografiert, und die Bilder werden in digitaler Form gespeichert. Das wird etwa fünf Jahre dauern und etwa acht Millionen Dollar kosten, ein Drittel der für das Humangenomprojekt veranschlagten Zeit und wenig mehr als ein Vierzigstel der dafür vorgesehenen Kosten. Wenn alles gut geht, will man den südlichen Sternhimmel später in derselben Weise aufzeichnen. Den nördlichen Sternhimmel wird man mit einem einzigen Teleskop aufnehmen, das eigens für diesen Zweck in Apache Point, Neu Mexico, gebaut wurde und dem Projekt fünf Jahre lang zur Verfügung stehen soll. Das Teleskop wurde 1998 in Betrieb genommen. Die Baukosten und einen Teil der Betriebskosten übernahm die Sloan Foundation; die restlichen Geldmittel stammen aus staatlichen Quellen.

Den schwierigsten Teil des Projekts bildet nicht die optische und elektronische Hardware, sondern die für die Datenverarbeitung erforderliche Software. Jeder Himmelsabschnitt wird von elektronischen

Kameras in fünf Farben aufgenommen, so dass jedem dieser Ausschnitte eine bestimmte Zahlenfolge in einem elektronischen Speicher entspricht. Für jeden Aussschnitt werden fünf präzise Messungen vorgenommen, bei denen man die Intensität des aus der betreffenden Richtung kommenden Lichts in fünf verschiedenen Wellenbereichen aufzeichnet. Außerdem hält man die Spektren und die Rotverschiebung von einer Million Galaxien und sonstigen fernen Objekten fest. Die gespeicherten Daten werden jedem Astronomen zur Verfügung gestellt, der über die für ihre Verarbeitung nötige Ausrüstung verfügt. Die Ergebnisse des Surveys sollen wie die Ergebnisse des Humangenomprojekts hauptsächlich drei Zwecken dienen. Erstens: Astronomen, die nach seltenen Objekten, und Biologen, die nach seltenen Genen suchen, können diese sehr schnell ausfindig machen, indem sie das Datenmaterial mit Hilfe geeigneter Suchprogramme durchsuchen. Zweitens: Astronomen, die sich für ein bestimmtes Gebiet des Sternenhimmels, und Biologen, die sich für bestimmte Gene interessieren, finden in dem Datenmaterial Informationen über das betreffende Gebiet oder Gen und dessen unmittelbare Umgebung. Und drittens werden die beiden Bestandsaufnahmen statistische Informationen über die Verteilung und das Verhalten sämtlicher Himmelsobjekte bzw. Gene bereitstellen.

Neben diesen vorhersehbaren Verwendungsweisen wird das in den beiden Projekten gesammelte Datenmaterial auch für bislang noch nicht vorherzusehende Untersuchungen genutzt werden können, die unser Wissen über das Universum und über den Menschen erweitern. Die Astronomen werden die gesammelten Daten nach unterschiedlichsten Kriterien absuchen, um sich am Sternenhimmel zurechtzufinden; und die Biologen werden das Datenmaterial ihres Projekts nach den unterschiedlichsten Kriterien absuchen, um sich ein möglichst vielseitiges Bild der Chromosomen zu machen. Die Entwicklung geeigneter Such- und Auswertungsprogramme wird daher einen wesentlichen Teil der beiden Projekte ausmachen.

Der Sloan Sky Survey und das Human Genome Project sind beide großartige wissenschaftliche Projekte und stellen große Fortschritte dar. Aber in einem Punkt unterscheiden sie sich ganz beträchtlich: in den Kosten nämlich, und zwar um den Faktor 40. Der Unterschied in den Kosten ist deshalb bedeutsam, weil er einen Unterschied in der Nachhaltigkeit bedeutet. Ein Projekt ist nachhaltig, wenn es so billig ist, dass es das erste einer beliebig in die Zukunft fortzuführenden Reihe ähnlicher Projekte darstellen kann. Ein Projekt ist nicht nachhaltig, wenn es so teuer ist, dass es allenfalls nach heftigen politischen

Kämpfen fortgeführt werden kann. Nachhaltige Projekte markieren den Beginn eines neuen Zeitalters. Nicht nachhaltige Projekte markieren das Ende eines Zeitalters. Das berühmteste Beispiel für ein nicht nachhaltiges Projekt war das Apolloprogramm der bemannten Mondlandungen. Als man den Beschluss fasste, das Apolloprogramm nicht fortzusetzen, weil es zu teuer wurde, verschrottete man die gesamte Apollohardware, und man war gezwungen, das Raumfahrtprogramm auf ganz neue Grundlagen zu stellen. Weil das Apolloprogramm nicht nachhaltig war, warf es die Entwicklung der Raumfahrt um zwei Jahrzehnte zurück.

Unser Digital Sky Survey dagegen ist eindeutig nachhaltig. Nach seinem Abschluss wird man es wahrscheinlich noch viele Male unter veränderten und verbesserten Bedingungen wiederholen, etwa für lichtschwächere Objekte und mit einer höheren Auflösung der Farben. Es wird zum Vorbild für zukünftige Bestandsaufnahmen der Himmelsobjekte werden, die jeweils andere Aspekte in den Vordergrund stellen werden. Das Humangenomprojekt ist angesichts seiner Kosten nicht nachhaltig. Nach seinem Abschluss wird man es wahrscheinlich nicht wiederholen, solange keine billigeren Sequenzierungsverfahren zur Verfügung stehen. Der gewaltige potentielle Nutzen des Genomprojekts wird erst dann realisiert werden können, wenn die Sequenzanalyse im großen Maßstab billig genug wird, um Nachhaltigkeit zu gewährleisten.

Will man die Medizin voranbringen, genügt es nicht, ein einzelnes Genom zu sequenzieren. Wir werden zahlreiche Genome unterschiedlichster Menschen mit den unterschiedlichsten Krankengeschichten sequenzieren müssen. Wollen wir die Biologie voranbringen, müssen wir nicht nur das menschliche Genom, sondern die Genome Tausender anderer Arten sequenzieren. Letztlich wird man das Genom der gesamten Biosphäre sequenzieren müssen. Die Biosphäre umfasst Millionen von Arten, und jedes Genom enthält, im Durchschnitt aller Arten betrachtet, Millionen von Nukleinbasen. Bei einem Biosphärengenomprojekt müssten wir Billionen von Nukleinbasen sequenzieren. Die gesamte Datenmenge, die bei solch einem Projekt anfiele, ist erstaunlich klein; sie wäre nur wenig größer als die Datenmenge des Sloan Digital Sky Survey. Die Daten eines Biosphärengenomprojekts ließen sich, auf CDs gespeichert, in einem gewöhnlichen Aktenschrank unterbringen. Aber die Gewinnung der Daten aus der DNA ist etwa eine Million Mal langsamer als die Gewinnung der Daten des Sky Survey. Bevor man überhaupt daran denken kann, solch ein Projekt in Angriff zu nehmen, müssten die Kosten und der

Zeitaufwand der Sequenzierung um den Faktor 100 oder 1000 gesenkt werden.

Warum besteht solch ein großer Kostenunterschied zwischen dem Humangenomprojekt und der Bestandsaufnahme der astronomischen Objekte? Dafür gibt es viele Gründe. Zu den wichtigsten Gründen gehört die Tatsache, dass Astronomen und Biologen unterschiedliche Einstellungen zu ihren Instrumenten haben. Die Astronomen haben ihre Instrumente von jeher selbst gebaut. Mein Kollege Jim Gunn, der zum Führungsteam des Sloan Digital Sky Survey gehört, hat die elektronische Kamera, die das zentrale Beobachtungsinstrument darstellt, selbst entworfen und zusammengebastelt. Das erste kleine Großfeldteleskop, das für solche Bestandsaufnahmen erforderlich ist, wurde 1937 von dem Astronomen Fritz Zwicky auf dem Mont Palomar gebaut. Astronomen beginnen ein Projekt gewöhnlich erst dann, wenn sie über die nötigen Instrumente verfügen. Biologen dagegen bauen ihre Instrumente in der Regel nicht selbst, sondern kaufen sie – von wenigen bemerkenswerten Ausnahmen wie Fred Sanger einmal abgesehen. Sie beginnen ihre Projekte mit den Instrumenten, die sie gerade bekommen können. Instrumente selbst zu bauen ist nicht Teil ihrer Berufskultur.

* * *

In der ganzen Welt arbeiten Astronomen gegenwärtig an der Entwicklung eines neuen Werkzeugs, das als Gravitationstomographie bezeichnet wird. Der Grundgedanke ähnelt dem Prinzip der mit Röntgenstrahlen arbeitenden Computertomographie, die es dem Arzt ermöglicht, ein Bild vom Innern des menschlichen Körpers zu gewinnen. In einer Hinsicht ähnelt das Universum dem menschlichen Körper: Der größte Teil des Universums lässt sich wie der größte des Körperinneren nicht mit gewöhnlichem Licht betrachten. Fritz Zwicky entdeckte vor mehr als fünfzig Jahren, dass Galaxienhaufen von einer unsichtbaren Masse zusammengehalten werden, die weit größer als die Masse der sichtbaren Galaxien ist. Zwicky beobachtete mit seinem kleinen Teleskop auf dem Mount Palomar systematisch Galaxienhaufen. Er bemerkte, dass die Galaxien in solchen Haufen sich unregelmäßig und mit hoher Geschwindigkeit umeinander bewegen und dass solche Haufen sehr schnell auseinander fliegen müssten, wenn sie nur durch die Anziehungskraft der sichtbaren Massen zusammengehalten würden. Da die Haufen nicht auseinander fliegen, muss es eine unsichtbare oder dunkle Masse geben. Seit Zwickys Zeiten sind in der Astronomie viele leistungsfähige Instrumente zur Beobachtung sichtbarer Objekte entwickelt worden. Wir beobachten Objekte im Bereich der Radiowellen, der Röntgenstrahlen und des sichtbaren Lichts. Unser Wissen über das sichtbare Universum ist immer detaillierter und vollständiger geworden. Zwickys Beobachtungen konnten bestätigt werden, und heute weiß man, dass unsichtbare Materie auch außerhalb der Galaxienhaufen vorkommt. Im gesamten Universum übersteigt der Anteil der unsichtbaren Materie den der sichtbaren wahrscheinlich um mehr als das Zehnfache. Aber die unsichtbare Masse ist eben unsichtbar. Den einzigen Hinweis auf die dunkle Masse liefert deren Gravitationswirkung auf sichtbare Objekte. Die Gravitationstomographie nutzt nun die Ablenkung von Lichtstrahlen in Gravitatationsfeldern auf dieselbe Weise zur Lokalisierung dunkler Masse, wie die Computertomographie Röntgenstrahlen zur Lokalisierung eines Lungentumors einsetzt.

Mit der Gravitationstomographie lässt sich dunkle Masse aufspüren, indem man die gravatationsbedingte Fokussierung des Lichts sehr ferner sichtbarer Objekte beobachtet. Jede Masse, ob sichtbar oder unsichtbar, bildet eine Gravitationslinse und bündelt das Licht, wenn sie sich zwischen der Erde und einem sichtbaren Objekt befindet. Es gibt zwei Arten von Linsen: Sehr große Objekte wie Galaxien oder Galaxienhaufen bilden Makrolinsen, kleine Objekte wie einzelne Sterne oder Planeten Mikrolinsen. Und es gibt zwei Arten dunkler Materie: einzelne Großobjekte wie erkaltete Sterne oder Schwarze Löcher und diffuse Wolken unsichtbarer exotischer Teilchen, die sich über einen größeren Raum verteilen.

Die Gravitationstomographie gleicht einem Zauberstab, der Unsichtbares sichtbar macht. Dunkle Masse in Gestalt von Materiewolken kann man durch Makrolinsen aufspüren, unsichtbare diskrete Massen durch Mikrolinsen. Tony Tyson, der an den Bell Laboratories arbeitet, die früher zu AT&T gehörten und heute zu Lucent Technologies gehören, hat mit Hilfe von Makrolinsen einen guten Anfang in der Kartierung weiträumiger Verteilungen dunkler Materie gemacht. Er beobachtet die gravitationsbedingte Verzerrung der Bilder ferner Galaxien im Hintergrund und leitet daraus Verteilung und Menge der im Vordergrund befindlichen dunklen Masse ab. Die dunkle Materie, die er auf diese Weise aufspürt, steht meist, aber nicht ausschließlich, im Zusammenhang mit sichtbaren Galaxienhaufen.

Vor zehn Jahren machte der in Princeton arbeitende Astronom Bogdan Paczynski den Vorschlag, Sterne der Großen Magellanwolke und Sterne aus dem zentralen Bereich der Milchstraße zu benutzen, um diskrete dunkle Massen über ihre Wirkung als Mikrolinsen zu entdecken und zu erkunden. Die am südlichen Sternhimmel gelegene Große Magellanwolke, die von Magellan entdeckt wurde, als er erstmals die Südspitze Amerikas umsegelte, ist eine Nachbargalaxie unserer Milchstraße. Die Große Magellanwolke und die Region im Zentrum unserer Milchstraße eignen sich deshalb besonders gut für diese Aufgabe, weil man dort Millionen von Hintergrundsternen gleichzeitig im Blickfeld eines Teleskops hat. Will man Mikrolinsen aufspüren, beobachtet man denselben Ausschnitt des Himmels einmal pro Woche und prüft, ob sich die Helligkeit eines der vielen Millionen Sterne innerhalb des Beobachtungszeitraums plötzlich verändert. Wenn ein Stern vorübergehend heller zu werden scheint und dann wieder zu seiner ursprünglichen Helligkeit zurückkehrt, geht dies möglicherweise auf die Gravitationswirkung eines im Vordergrund vorüberziehenden Objekts zurück, das die Bahn des Lichts von diesem Stern zum Teleskop kreuzt. Praktikabel wird solch eine Suchmethode erst durch geeignete Bildverarbeitungsprogramme, die es gestatten, mehrere Millionen Bilder von Sternen aufzuzeichnen und in kurzer Zeit zu analysieren. In den letzten drei Jahren haben vier Forschergruppen diese Technik mit spektakulärem Erfolg eingesetzt. Sie fanden mehr als einhundert Mikrolinsenereignisse, und die Zahl der entdeckten Mikrolinsen wächst ständig. Bei manchen von ihnen handelt es sich um gewöhnliche sichtbare Sterne, aber es gibt deutliche Hinweise darauf, dass ein beträchtlicher Teil von ihnen unsichtbar ist. In einigen Jahren dürften wir zuverlässige Informationen über die Population der diskreten unsichtbaren Objekte innerhalb unserer Milchstraße und in ihrer näheren Umgebung besitzen.

Ein weiteres Anwendungsgebiet der Gravitationstomographie ist die Suche nach Planeten. Planeten sind diskrete Massen und stellen Mikrolinsen dar, deren Wirkung möglicherweise beobachtbar ist. Die Dauer eines Linsenffekts ist in groben Zügen proportional zur Quadratwurzel der Masse des betreffenden Objekts. Die Masse der Sonne ist zwar dreihunderttausend Mal so groß wie die der Erde, doch ihr Linseneffekt ist nur fünfhundert Mal so stark wie der Linseneffekt der Erde. Darum lässt sich der Linseneffekt zum Aufspüren von Planeten einsetzen. Während der Linseneffekt eines Sterns von der Größe der Sonne einige Wochen anhält, dauert er bei einem Planeten nur etwa eine Stunde. Die Linseneffekte von Planeten bleiben bei den Mikrolinsenprojekten unbemerkt, weil die jeweiligen Himmelsareale nicht oft genug beobachtet werden. Penny Sackett, eine junge amerikanische Astronomin, die heute in den Niederlanden lebt, hat einen Weg gefunden, diesen Mangel zu beheben. Sie hat ein Projekt ins Leben gerufen, das den Namen PLANET trägt und mit vier kleinen Teleskopen arbeitet, die eine gute Längenabdeckung um den Südpol herum bieten, weil sie in Südafrika, in Chile, in Westaustralien und in Tasmanien stehen. Es handelt sich um kleine, wenig ausgelastete Teleskope in Universitätssternwarten, so dass sowohl Beobachtungszeit als auch Studenten zur Verfügung stehen, die sich gerne ohne Bezahlung an diesem Projekt beteiligen. Sobald eines der großen Mikrolinsenprojekte einen Mikrolinseneffekt beobachtet, gibt man die exakte Position an die PLANET-Observatorien weiter, und die Studenten machen sich daran, das Objekt im Stundenabstand zu beobachten. Da die Große Magellanwolke nahe dem Südpol am Himmel steht, können die vier um den Pol verteilten Observatorien sie durchgehend beobachten, falls das Wetter nicht gerade bei zwei oder drei von ihnen zu schlecht ist. Das PLANET-Projekt begann 1996 und hat noch keinen Planeten entdeckt. Wenn optimistische Schätzungen über die Häufigkeit von Planeten zutreffen, sollte das Projekt alle paar Jahre auf einen Planeten stoßen. Vorteilhaft an dieser Suchmethode ist die Tatsache, dass es keine Rolle spielt, mit welcher Art von Himmelskörper der Planet verbunden ist, denn mit ihr lassen sich Planeten normaler Sterne ebenso entdecken wie Planeten unsichtbarer oder anderer, bislang noch unbekannter Objekte.

Was hat nun die Suche nach der dunklen Masse

im Universum mit der Biologie zu tun? Hinsichtlich des Gegenstands der beiden Wissenschaften gibt es keinen Zusammenhang zwischen Gravitationstomographie und Biologie. Solch ein Zusammenhang wird erst sichtbar, wenn wir uns dem Arbeitsstil dieser Wissenschaften zuwenden. Der Arbeitsstil der Gravitationstomographie ist opportunistisch, unorganisiert und spontan. Niemand hat diese Methode geplant, und niemand verwaltet sie. Ein neues Beobachtungswerkzeug wurde entwickelt, und eine Reihe intelligenter Leute griff danach, um es für ihre jeweiligen Zwecke einzusetzen. Das Geld kommt fallweise aus ganz verschiedenen Quellen, es stammt von der National Science Foundation und dem Energieministerium in Washington, von der französischen und der polnischen Regierung, von Universitätssternwarten und privaten Stiftungen. Jedes Projekt muss sich selbst um die nötigen Geldmittel bemühen. Und keines von ihnen benötigt wirklich große Summen. Es wurden keine neuen Großteleskope gebaut, man brauchte nur neue elektronische Kameras zu bauen und neue Datenverarbeitungsprogramme zu entwickeln. Die verschiedenen Projekte machen bedeutende Entdeckungen zu Kosten, die von geldgebenden Institutionen mit begrenzten Ressourcen aufgebracht werden können. Den Gipfel kostengünstiger Forschung erreichte

Penny Sackett mit ihrem PLANET-Projekt, das bislang weniger als hunderttausend Dollar gekosten hat, die zum größten Teil von den Sternwarten auf der Südhalbkugel aufgebracht worden sind. Das Projekt funktioniert gut, weil die Sternwarten im Internet sind. Innerhalb von Minuten können sie über das Internet ihre Daten austauschen und ihre Aktivitäten koordinieren. Zwei Faktoren prägen den Arbeitsstil des Projekts: lokale Begeisterung und das Internet. Penny Sackett lernte die Astronomen der beteiligten Observatorien kennen, als sie eine Konferenz der Internationalen Astronomischen Vereinigung in Buenos Aires besuchte. Sackett unterhielt sich mit ihnen über die Suche nach Gravitationslinsen, und sie erzählten ihr von den unausgelasteten Teleskopen. Nach einer Woche stand das Projekt. Sie nutzte die Chance, die das Mikrolinsenprojekt bot, um die vier Observatorien zu einem ernsthaften Gemeinschaftsunternehmen zusammenzuführen, und die vier Sternwarten praktizierten erstmals die enge Zusammenarbeit, die das Internet ermöglicht.

Unternehmen, die dem von Penny Sackett initiierten Projekt ähneln, spielen eine wichtige Rolle beim Verständnis und bei der Bekämpfung neuer Viruserkrankungen. Neue Viren bringen zahlreichen Menschen, Tieren und Pflanzen Tod und Zerstörung.

Wie einige der interessantesten Himmelsobjekte sich am besten in der südlichen Hemisphäre beobachten lassen, so sind auch einige der interessantesten Viren in entlegenen Gebieten Afrikas endemisch. Das Puzzle der Virusepidemiologie wird zu weiten Teilen in einer gemeinschaftlichen Anstrengung zusammengesetzt, an der sich isolierte medizinische Zentren und Labors an entlegenen Orten beteiligen. Mit bescheidenen Geldmitteln bringt das Internet das lokale Wissen und die Hingabe afrikanischer Experten mit den technischen Ressourcen großer medizinischer Zentren in Europa, Japan und den Vereinigten Staaten zusammen. Auf diese Weise wird Penny Sacketts Arbeitsstil in die Sprache der Medizin übersetzt. In einem umfassenderen Sinne bietet der Arbeitsstil im Bereich der Gravitationstomographie ein gutes Modell für den Forschungsstil in der Epidemiologie. Bei sparsamem Mitteleinsatz und einer internationalen Zusammenarbeit über das Internet kommt man mit wenigen Dollars schon sehr weit

* * *

Mediziner und Biologen können vielleicht noch etwas von den Astronomen lernen. Sie haben heute die Möglichkeit, eine Revolution im wissenschaftlichen Verständnis der Viren und der Zellen herbeizuführen. Sie könnten solch eine Revolution auslösen, wenn es ihnen gelänge, zwei wichtige Werkzeuge zu erfinden, die es bislang noch nicht gibt. Eines dieser Werkzeuge wäre ein einfaches und billiges Gerät zur DNA-Sequenzanalyse, das keine chemischen Nassverfahren, sondern direkte physikalische Methoden einsetzte, um einzelne DNA-Moleküle zu sequenzieren. Wenn es gelänge, ein Gerät zur physikalischen Sequenzanalyse zu bauen, das einzelne DNA-Moleküle isolierte und nacheinander im Abstand von Millisekunden über ein Massenspektrometer analysierte, könnte man ein vollständiges menschliches Genom innerhalb eines Monats sequenzieren. Die vier verschiedenen Nukleinbasen, die in der DNA vorkommen, unterscheiden sich durch ihre Masse, und es gibt kein physikalisches Gesetz, wonach es ausgeschlossen wäre, sie mit einem Massenspektrometer zuverlässig in so kurzer Zeit zu identifizieren. Es gibt bereits eine Reihe von Vorschlägen, wie man physikalische Instrumente zur Sequenzanalyse der DNA einsetzen könnte. In aller Welt arbeiten Physiker und Biologen an Verfahren, die auf Rastertunnelmikroskope oder neuartige Fluoreszenzdetektoren zurückgreifen. Es gibt keinen Grund, warum es kein kleines, handliches Gerät geben sollte, das mit physikalischen Verfahren zehn menschliche Genome im Jahr sequenzieren kann, und zwar mit Kosten, die sich in der Größenordnung von zehntausend Dollar bewegen. Das Genom eines Virus könnte dieses Gerät in wenigen Minuten sequenzieren, das Genom einer Bakterie in einigen Stunden.

Das zweite wichtige Instrument, das die Biologen erfinden könnten, ist ein handliches Proteinmikroskop, mit dem sich die dreidimensionale Struktur von Eiweißmolekülen bestimmen ließe. Bislang werden diese Strukturen meist durch Röntgenbeugung bestimmt, ein mühsames, teures Verfahren, das die Reinigung und Kristallisierung einer makroskopischen Eiweißprobe erfordert. Gelegentlich hat man zu diesem Zweck auch die Kernspinresonanz-Spektroskopie eingesetzt, doch dieses Verfahren eignet sich nur für kleine Eiweißmoleküle. Keines der beiden Verfahren lässt sich sonderlich befriedigend bei den gewöhnlich recht großen und kristallisationsunwilligen Membranproteinen einsetzen. Die Membranproteine sitzen an den Zellaußenwänden, teils innerhalb, teils außerhalb der Zellmembran. Über diese Proteine kommunizieren die Zellen mit den Nachbarzellen und verteidigen sich gegen Eindringlinge. Wollen wir menschliche Krankheiten und Abwehrmechanismen in ihren Einzelheiten verstehen, müssen wir vor allem die Struktur der Membranproteine bestimmen. Einer Forschergruppe in La Jolla gelang es kürzlich, ein Membranprotein zu kristallisieren, und zwar das T-Zellen-Rezeptorprotein, das eine zentrale Rolle für das Verständnis von Aids spielt. Sie bestimmten die Struktur des Proteins durch Röntgenbeugung, aber das war eine einmalige, heroische Anstrengung, für die ein großes Forscherteam mehrere Jahre benötigte.

Vor fünfzig Jahren bestimmten Max Perutz und John Kendrew die Struktur des Hämoglobins und des Myoglobins, der wichtigsten Proteine im Blut und in den Muskeln des Menschen. Es waren die beiden ersten Proteine, deren Struktur bestimmt werden konnte. Und sowohl Perutz als auch Kendrew brauchten viele Jahre, um ein einziges Protein zu analysieren; für diese Leistung wurden sie mit dem Nobelpreis ausgezeichnet.

Seither, also in fünfzig Jahren, sind lediglich fünftausend Proteinstrukturen bestimmt worden. Und menschliche Zellen enthalten etwa hunderttausend verschiedene Proteine. Das Fehlen guter Instrumente zur Analyse der Proteinstruktur ist sogar ein noch größeres Hindernis für den Fortschritt der Biologie und der Medizin als der Mangel an guten Instrumenten zur Sequenzbestimmung der DNA. Wenn wir genauer verstehen wollen, wie Viren in Zellen eindringen, müssen wir die Struktur Hunderttausender von Proteinen bestimmen. Viele davon sind Membranproteine. Die vorhandenen Instrumente sind für diese Aufgabe ungeeignet. Das Rastertunnelmikroskop, bei dem eine extrem feine Spitze über die Oberfläche eines Körpers wandert und die Aufwärts- und Abwärtsbewegung der Spitze misst, besitzt eine so hohe Auflösung, dass man einzelne Atome »sehen« kann, aber damit kann man nicht unter die Oberfläche sehen. Mit den Kernspinresonanz-Tomographen, die heute in den Krankenhäusern eingesetzt werden, um nach Hirntumoren zu suchen, kann man unter die Oberfläche sehen, aber damit lassen sich keine Strukturen erkennen, die kleiner als ein Millimeter sind. Das einfache, handliche Proteinmikroskop, das wir bräuchten, müsste die Auflösung des Rastertunnelmikroskops mit der Eindringtiefe des Kernspinresonanz-Tomographen verbinden. Den Entwurf eines Konzepts für solch ein Gerät veröffentlichte vor einigen Jahren der theoretische Physiker John Sidles, der in der orthopädischen Abteilung der Medical School der University of Washington arbeitet. Den Tag über arbeitet er mit Patienten; seine einfallsreichen Instrumente entwickelt er abends. Auch andernorts arbeiten mehrere Erfindergruppen an dem Versuch, andere Versionen eines hochauflösenden Kernspinresonanz-Tomographen zu entwickeln. Wenn Sidles Traum eines Kernspinresonanz-Mikroskops mit atomarer Auflösung Wirklichkeit würde, könnte man damit jedes Stickstoff- und

Wasserstoffatom in den Proteinen eines Virus präzise lokalisieren, und es wäre möglich, die Struktur von Eiweißmolekülen aller Art schnell und billig zu bestimmen.

Ich denke, Mediziner und Biologen könnten raschere Fortschritte machen, wenn sie dem Vorbild der Astronomen folgten und ihre Instrumente selbst entwickelten. Zwei der wichtigsten Instrumente, die für die nächste Revolution in der Biologie erforderlich wären, ein einfaches, schnelles Gerät zur Sequenzanalyse und ein handliches Proteinmikroskop, gibt es noch nicht. Warum sollten die Biologen darauf warten, dass ein Physiker an der University of Washington diese Instrumente für sie erfindet und eine medizintechnische Firma in Boston oder Taiwan sie ihnen verkauft? Warum entwickeln sie diese Instrumente nicht selbst? Damit würden sie eine Revolution nicht nur in der Biologie, sondern auch in der praktischen Medizin auslösen. Wenn sie Instrumente zur Sequenzanalyse der DNA und zur Bestimmung der Proteinstrukturen erfänden, die tausendmal schneller und billiger wären als die gegenwärtig vorhandenen Instrumente, würde man ihnen die Tür einrennen. Sie wären in derselben Situation wie John Randall 1945; sie besäßen die Werkzeuge und das Prestige, die es ihnen ermöglichten, die nächste Revolution vorzubereiten.

Technik und soziale Gerechtigkeit

1985 hielt ich in Schottland eine Vortragsreihe, die später unter dem Titel *Infinite in All Directions* als Buch veröffentlicht wurde. In einem Kapitel mit der Überschrift »Das 21. Jahrhundert« äußerte ich mich zu den wichtigsten Entwicklungen der Zukunft. Und als die drei Technologien, die nach meiner damaligen Auffassung im kommenden Jahrhundert die größte Rolle spielen würden, nannte ich Gentechnik, künstliche Intelligenz und Raumfahrt. Inzwischen sehen die Dinge anders aus. Das 21. Jahrhundert ist nicht mehr fern, sondern greifbar nahe Zukunft. Meine Voraussagen sind eher kurzfristiger Natur. Und kurzfristig betrachtet, ist die Raumfahrt ein Witz. Wir sehen ratlose Kosmonauten, die in der Raumstation Mir ums Überleben kämpfen. Offensichtlich werden sie nirgendwohin fliegen, es sei denn zurück auf die Erde, wenn das Glück sie nicht verlässt. Auch die künstliche Intelligenz kommt nur schlecht voran. Roboter sind heute nicht viel klüger als vor vierzehn Jahren. Als ich meine Voraussagen für dieses Buch überarbeitete, beschloss ich daher, Raumfahrt und künstliche Intelligenz von meiner Liste zu streichen. Damit blieb von der ursprünglichen Liste nur die Gentechnik, und die entwickelt sich noch rasanter als damals erwartet. Jeder hat von dem geklonten Schaf Dolly gehört. Weitaus wichtiger als Dolly ist die Entdeckung, dass die genetische Steuerung der Entwicklung bei Hefepilzen und Fruchtfliegen, Mäusen und Menschen denselben Grundmustern folgt, so dass wir durch Experimente an Hefe, Fruchtfliegen und Mäusen erfahren können, wie menschliche Babys wachsen. Die Gentechnik bleibt daher auf der Liste der wichtigen Dinge, auf die wir werden achten müssen.

In den letzten vierzehn Jahren sind das Internet und das World Wide Web geradezu explodiert. Sie sind zur beherrschenden Technologie des modernen Lebens geworden. Das habe ich vor vierzehn Jahren nicht vorausgesehen – ebenso wenig wie Bill Gates. Heute ist klar, dass das Internet auf die Liste gehört.

Bei der dritten Technologie, die auf unserer neuen Liste zu nennen wäre, liegen die Dinge nicht so klar auf der Hand. Ich entscheide mich für die Sonne, weil die Sonnenenergie beim Spiel um die Anpassung neuer Technologien an menschliche Bedürfnisse nach meiner Einschätzung zu den Siegern gehört. Darin könnte ich mich täuschen. Ich habe mich bei meinen Voraussagen schon früher getäuscht, aber es ist besser zu irren, als allzu vage zu bleiben. Die Sonne hat zumindest große Chancen, im 21. Jahrhundert zu den Gewinnern zu zählen. Die neue Liste – Sonne, Genom und Internet – wurde zum Titel dieses Buches.

Auch wenn Raumfahrt und künstliche Intelligenz nicht mehr im Titel erscheinen, sind sie doch aus diesem Buch nicht verschwunden. Die künstliche Intelligenz ist unauflöslich mit dem Wachstum des Internet verbunden. Mit wachsender Kapazität und Komplexität entwickeln Internet und World Wide Web eine Art von Intelligenz, die zu stark zerstreut und zu beweglich ist, als dass der langsame menschliche Verstand sie in all ihren Einzelheiten zu erfassen vermöchte. Mein Sohn George beschreibt in seinem Buch *Darwin Among the Machines* die lange Geschichte der künstlichen Intelligenz in den letzten dreihundert Jahren. Er sieht darin ein zentrales Thema der Evolution menschlicher Gesellschaften in der Vergangenheit und in der Zukunft. Auf die künstliche Intelligenz werde ich im Nachwort noch einmal kurz zurückkommen.

Es gibt zwei Gründe, weshalb die Raumfahrt trotz mancher Fehlschläge und Enttäuschungen in der Vergangenheit auch in Zukunft eine wichtige Rolle spielen dürfte. Erstens ist die Raumfahrt selbst bei den heutigen Kosten ein effizientes Instrument zur Erforschung des Universums, und die Satellitenkommunikation ist ein kostengünstiges Mittel, um Brücken zwischen den Menschen auf der ganzen Welt zu bauen. Raumfahrt und Satellitenkommunikation werden in der ersten Hälfte des 21. Jahrhunderts blühen. Zweitens ist eine radikale Senkung der Kosten von Raumfahrtunternehmungen eine reale Möglichkeit. Wenn die Kosten sich radikal senken lassen, könnte eine Erweiterung unseres Lebensraums über unseren Planeten hinaus Realität werden. Aber die neuen Technologien, die unseren Lebensraum ins All hinein ausdehnen können, werden, wenn überhaupt, erst in der zweiten Hälfte des 21. Jahrhunderts entstehen.

In diesem Kapitel untersuche ich die Technik aus einer erdgebundenen Perspektive. Ich frage, welchen Beitrag die Technik leisten kann, um soziale Gerechtigkeit herzustellen, die Unterschiede zwischen Arm und Reich zu verringern und die Umwelt zu erhalten. Dabei konzentriere ich mich auf Technologien, die in den nächsten fünfzig Jahren, also innerhalb der Lebenszeit unserer Kinder und Enkel, entwickelt werden könnten. In dieser kurzfristigen Perspektive dürfte die Satellitenkommunikation sehr bedeutsam, die Raumfahrt dagegen bedeutungslos sein. Im nächsten Kapitel werde ich ausführlicher darauf eingehen. Obwohl die Raumfahrt heute auf geradezu lächerliche Weise hinter den Versprechen ihrer Anhänger zurückbleibt, könnte sie eines Tages dennoch so billig werden, dass sie auch gewöhnlichen Menschen zugänglich wäre. Das wird allerdings noch lange dauern. Selbst unsere Kinder werden das nicht mehr erleben. Aber es ist durchaus vorstellbar, dass noch vor dem Ende des 21. Jahrhunderts neue Technologien ein Zeitalter öffentlicher Raumfahrt eröffnen, das unseren Urenkeln Reisen ins All ermöglichen wird.

* * *

Es lassen sich zahlreiche historische Beispiele anführen, die zeigen, in welcher Weise die Technik gelegentlich einen Beitrag zur sozialen Gerechtigkeit geleistet hat. Im 14. Jahrhundert veränderte der Buchdruck das Gesicht Europas, weil er Bücher und Bildung aus den Klöstern herausholte und zahlreichen Menschen zugänglich machte. Der Buchdruck verlieh der Bibel neue Macht und führte unmittelbar zur protestantischen Reformation in Nordeuropa. Es ist sicher fraglich, ob in Luthers Deutschland oder Shakespeares England soziale Gerechtigkeit herrschte, aber sie war ohne Zweifel größer als im mittelalterlichen Deutschland oder England. Luther und Shakespeare brachten den gewöhnlichen Bürgern jenseits des Adels und des Klerus zwar nicht die Realität, wohl aber die Idee sozialer Gerechtigkeit. Die protestantische Ethik, die mit Hilfe des Buchdrucks in Deutschland, England, Holland und Skandinavien Fuß fasste, führte zu einem ständigen Streben nach sozialer Gerechtigkeit, auch wenn die utopischen Visionen selten verwirklicht wurden. Nur kleinen Gemeinschaften gelang es gelegentlich, solche Utopien zu realisieren und für gewisse Zeit soziale Gerechtigkeit herzustellen.

Historisch jüngere Beispiele für Technologien, die einen Beitrag zur sozialen Gerechtigkeit leisteten, sind die öffentlichen Gesundheitssysteme, die Trinkwasserversorgung, die Kanalisation, die Impfstoffe und die Antibiotika. Diese Technologien konnten die Reichen und Mächtigen nicht vor Ansteckung und Krankheit schützen, wenn sie auf diese Schichten beschränkt blieben. Sie konnten die Reichen nur dann schützen, wenn sie auch den Armen zugänglich wurden. Auch wenn Reiche und Mächtige wie stets eine Vorzugsbehandlung genießen, kommen die Vorteile dieser Sanitär- und Gesundheitstechnologien in gewissem Umfang doch jedermann zugute. In Ländern mit staatlichen oder gesetzlich geregelten Gesundheitssystemen besteht zwischen der Lebenserwartung der Armen und der Reichen kein großer Unterschied mehr.

Auch die Technologie der synthetischen Stoffe hat zur Verringerung der Unterschiede zwischen Armen und Reichen beigetragen. Bis ins 19. Jahrhundert hinein konnten nur Reiche sich in leuchtende Farben, Pelz und Seide kleiden. Feine Kleidung bewies Reichtum und eine privilegierte Stellung. Im 19. Jahrhundert produzierte die chemische Industrie erstmals synthetische Farbstoffe. Im 20. Jahrhundert kamen Kunstpelz und Kunstseide und zahlreiche synthetische Fasern hinzu, die auch für Frauen der Arbeiterklasse erschwinglich waren. Heute kann man nicht mehr an der Kleidung erkennen, welcher sozialen Schicht eine Frau angehört. Es ist eine Frage der sozialen Gerechtigkeit in modernen Gesellschaften, wenn die Kinder aus reichen Familien sich heute genauso kleiden und verhalten wie die große Mehrheit.

Eine weitere Technologie, die soziale Gerechtigkeit zu fördern vermag, liegt in den Haushaltsgeräten. Während meiner Kindheit im England der 20er Jahre beschäftigte meine Mutter in ihrem Haushalt vier Hilfskräfte: eine Köchin, ein Hausmädchen, ein Kindermädchen und einen Gärtner. Wir hielten uns nicht für reich. Mein Vater war Lehrer. Wir waren eine durchschnittliche Mittelschichtfamilie. Damals brauchte eine durchschnittliche Mittelschichtfamilie vier Hilfskräfte, denen sie die schwere manuelle Arbeit des Kochens und Putzens, die Beaufsichtigung der Kinder und die Gartenarbeit übertragen konnte. Für die Erledigung dieser Arbeiten gab es eine ganze Klasse von Menschen, die ihren Lebensunterhalt als Hauspersonal verdienten.

Die Mitglieder der Mittelschicht luden diesen Teil der Last auf dem Rücken der Dienstleute ab. Dank ihres Hauspersonals hatte meine Mutter Zeit, sozial nützliche Projekte wie einen Club für junge Mädchen und eine Beratungsstelle für Geburtenkontrolle zu organisieren. Die Beratungsstelle war zweifellos ein Gottesgeschenk für die Frauen, die dorthin kamen, um sich in Fragen der Verhütung beraten zu lassen. Meiner Mutter gab diese Tätigkeit das befriedigende Gefühl, zur Aufklärung der unteren Klassen beizutragen. Aber die Kluft zwischen ihnen wurde dadurch nicht geringer. Von den Frauen, die in die Beratungsstelle kamen, sprach sie stets genauso wie von ihrem Dienstpersonal.

Meine Mutter war eine freundliche Herrin und

behandelte ihr Hauspersonal nach den Standards der Zeit gut. Aber die Dienstleute kannten ihren Platz. Sie wussten, wenn sie Anordnungen nicht ausführten oder Widerworte gaben, landeten sie auf der Straße. Unser Haushalt ähnelte in manchem den Verhältnissen, die vor dem Sezessionskrieg im Süden der Vereinigten Staaten herrschten. Wie viele Haussklaven in den alten Südstaaten, schienen auch unsere Dienstleute zufrieden mit ihrem Los. Wir sahen in ihnen Freunde. Inzwischen ist das Hauspersonal in England wie in den alten Südstaaten vom Winde verweht. Und der Wind, der unser Hauspersonal wegwehte, war nicht die brutale Invasion der von Sherman geführten Armee, sondern die friedliche Invasion durch eine Armee von Elektroherden und Gasheizungen und Staubsaugern und Kühlschränken und Waschmaschinen und Wäschetrocknern und Mikrowellenherden und Entsaftern und Mixern und Einmalwindeln. Die Technologie der Haushaltsgeräte machte das Dienstpersonal überflüssig, während deren Kinder das College besuchten und ihren Aufstieg in die Mittelschicht begannen. Diese Veränderungen gingen nicht ohne Schmerzen ab, doch sie waren nicht so schmerzhaft wie ein Bürgerkrieg. Und es war ein großer Schritt hin zu sozialer Gerechtigkeit. Die Mittelschicht, die zu Zeiten meiner Mutter nur 10 Prozent der Bevölkerung umfasste, wuchs rasch an und umfasst heute mehr als die Hälfte der Bevölkerung.

Ich denke heute noch liebevoll an das Kindermädchen Ethel zurück, die sich um mich kümmerte, als ich ein kleines Kind war. Sie hatte die Schule, wie bei Mädchen ihrer Schicht üblich, mit vierzehn Jahren verlassen. Wenn meine Schwester und ich abends im Bett lagen, hörten wir manchmal ein Motorrad, das sich dem Haus näherte, anhielt und dann wieder fortfuhr. Das war Ethels Freund, der sie für einen Abend ausführte. Und das Motorrad war der erste Vorbote der kommenden sozialen Revolution. Die Technologie der Aufwärtsmobilität. Als Ethel uns verlassen und den jungen Mann geheiratet hatte, bekam sie drei eigene Töchter, und alle drei besuchten das College. Einer ihrer Enkel ist Universitätsprofessor.

Diese Beispiele zeigen, dass Technik im Kampf um soziale Gerechtigkeit hilfreich sein kann. Aber wie Edward Tenner in seinem Buch *Die Tücken der Technik* bemerkt, gehen Fortschritte in der Technik oft mit unerwarteten Rückschritten einher. Wenn die Mitglieder einer alten privilegierten Klasse ihre Privilegien verlieren und die Segnungen der Macht und des Reichtums gleichmäßiger verteilt werden, dann haben meist die Frauen einen überproportionalen Anteil der dadurch bedingten Last zu tragen. Als etwa der Buchdruck zur protestantischen Reformation führte, die in weiten Teilen Europas den Reichtum und die Macht der Klöster zerstörte, wurden Männer- und Frauenorden gleichermaßen enteignet, aber die Nonnen verloren mehr als die Mönche. Die Nonnen in den alten Klöstern besaßen in mancherlei Hinsicht größere Freiheit als die Frauen in den neuen protestantischen Gemeinden. Die alte Klostergemeinschaft bot Frauen mit herausragenden Fähigkeiten wie etwa Hildegard von Bingen einen Zufluchtsort, an dem sie Zugang zu höherer Bildung hatten. Von ihrem Orden geschützt und gefördert, konnten Frauen ihrer Berufung als Gelehrte oder Künstlerinnen folgen. Als die Klöster aufgelöst wurden, mussten die Frauen anderswo unterkommen, entweder als Ehefrauen oder als Mägde. In der neuen, säkularisierten Gesellschaft traten Universitäten an die Stelle der Klöster. In den Universitäten fanden männliche Gelehrte die nötige Sicherheit für ihre Arbeit, für Frauen war dort kein Platz.

In ähnlicher Weise bedeutete der Einzug der Hausgeräte einen Rückschritt für die soziale Schicht, der meine Mutter angehörte, also für die Mittelschichtfrauen, die sich Hauspersonal leisten konnten. Nach heutigen Maßstäben würde meine Mutter als unabhängige, sehr emanzipierte Frau gelten. Sie hatte Jura studiert und beteiligte sich an der Ausarbeitung des

Gesetzes, das den Frauen in England die freien Berufe öffnete. Mit der Hilfe ihres Hauspersonals konnte sie ihren Mann und ihre Kinder versorgen, ohne ans Haus gebunden zu sein. Sie konnte ihren Interessen außerhalb des Hauses nachgehen, dem Club für junge Mädchen und der Beratungsstelle für Geburtenkontrolle. Dabei war sie nicht einmal die emanzipierteste Frau in unserer Familie. Ich hatte eine Reihe von Tanten, die noch unabhängiger waren als meine Mutter. Sie alle waren verheiratet, und einige hatten Kinder, doch das tat ihrer Unabhängigkeit keinen Abbruch. Meine Tante Margaret war Krankenschwester und wurde schließlich Verwaltungschefin eines großen Krankenhauses. Meine Tante Ruth war eine international angesehene Eiskunstläuferin, die bei Olympischen Spielen eine Silbermedaille gewann. Meine Tante Dulcibella war die erste Frau in England, die einen Flugschein erwarb. Sie und ihr Mann besaßen ein Flugzeug, mit dem sie in Afrika umher reisten. Sie liebten Afrika, und ihre Lebensweise hätte gut zu den Abenteurern gepasst, die Michael Ondaatje in seinem Roman *Der amerikanische Patient* beschrieben hat. Tante Dulcibella war außerdem Berufsschauspielerin, und wäre sie achtzig Jahre jünger gewesen, hätte sie durchaus die Hauptrolle in dem Spielfilm *Der amerikanische Patient* übernehmen können. Wir hielten unsere Tanten keineswegs für außergewöhnlich. Damals galt es als normal, wenn Frauen der Mittelschicht spektakuläre Dinge taten. Meine Mutter mit ihrer Beratungsstelle war da noch die ruhigste und am wenigsten wagemutige unter den vier Schwestern.

Sehen wir uns nun an, was mit der nächsten Generation der Mittelschichtfrauen in England oder den Vereinigten Staaten geschah. Dreißig Jahre später, in den 50er Jahren, waren die Hausangestellten verschwunden und elektrische Haushaltsgeräte hatten ihren Platz eingenommen. Für Frauen und Mütter der Mittelschicht bedeutete das einen großen Rückschritt. Haushaltsgeräte kochen nicht das Mittagessen, sie putzen nicht das Haus, kaufen nicht ein und versorgen nicht die Kinder. Die Mittelschichtfrauen der 50er Jahre waren weit weniger unabhängig als ihre Mütter. Die Emanzipation, die einst die Generation meiner Mutter erkämpft hatte, musste noch einmal erkämpft werden. Selbst heute ist die Befreiung der Frauen noch nicht vollständig verwirklicht. Wollen die Frauen Unabhängigkeit erreichen, müssen sie die Hausangestellten von einst durch Kinderhorte, Putzfrauen und Au-pair-Mädchen ersetzen. Elektrische Haushaltsgeräte sind hilfreich, aber sie tun nur einen Teil der Arbeit.

Das Institute for Advanced Study, an dem ich mein Berufsleben verbracht habe, ist eine eigentümliche

Institution mit einem kleinen ständigen Lehrkörper. Diese Hochschullehrer sollen repräsentativ für die herausragendsten Männer und Frauen der akademischen Welt sein. Leider fiel es uns immer schwer, Frauen an das Institut zu berufen. Dem ersten Lehrkörper aus den 30er Jahren gehörte eine einzige Frau an, die Archäologin Hetty Goldman. Ich kann mich noch lebhaft an sie erinnern. Sie war eine eindrucksvolle Dame, klein an Gestalt und groß an Geist; sie leitete Ausgrabungen antiker Städte in der Türkei und herrschte mit eiserner Hand über eine kleine Armee türkischer Arbeiter. Ihre Kollegen sagten gerne, sie wiege ohne weiteres zwei männliche Archäologen auf. Es gab nie den geringsten Zweifel, dass sie das Zeug zum Mitglied des Institute hatte. Sie war eine geborene Führerin, in ihren eigenen wie auch in unseren Augen.

Sie gehörte der Generation emanzipierter Frauen an, zu der auch meine Mutter gehörte. Und wie meine Mutter war sie mit Hausangestellten aufgewachsen. Als sie 1947 in den Ruhestand ging, wurde sie nicht ersetzt. In der nachfolgenden Generation schien es keine Frau mit ihren herausragenden Fähigkeiten zu geben. Nahezu vierzig Jahre lang bestand der Lehrkörper des Instituts ausschließlich aus Männern. 1985 wurde dann die Soziologin Joan Scott als zweite Frau an das Institut berufen, und

1997 folgte die Historikerin Patricia Crone als dritte. In der Geschichte unseres Lehrkörpers spiegelt sich gleichsam die Geschichte der Frauenemanzipation: ein glorreicher Anfang in den 20er, ein schwerer Rückschlag in den 50er, eine schrittweise Erholung in den 80er und 90er Jahren. Es ist nicht vollkommen abwegig, die Technologie der Haushaltsgeräte für diesen Rückschlag verantwortlich zu machen. Die elektrischen Haushaltsgeräte setzten das Hauspersonal frei und banden deren Herrinnen ans Haus.

* * *

Ich habe vier Technologien erwähnt, die soziale Gerechtigkeit gefördert haben. Jede von ihnen hatte auch negative Auswirkungen, vor allem auf Frauen der vormals herrschenden Klassen, aber der Gesamteffekt war überwiegend positiv. Man könnte leicht auch eine ebenso eindrucksvolle Liste von Beispielen für Technologien mit überwiegend negativen Auswirkungen aufstellen. Und da wären an erster Stelle wohl die Technologie der Gaskammern und der Kernwaffen zu nennen, mit deren Hilfe man Menschen vernichten kann, denen man die Vorzüge sozialer Gerechtigkeit nicht zukommen lassen will. Für den Augenblick beunruhigender sind allerdings zwei der Technologien, die gegenwärtig große Fortschritte machen: die Apparatemedizin und die Hightech-Kommunikation. Wer schon einmal das Unglück hatte, die Notaufnahme eines modernen Krankenhauses in Anspruch nehmen zu müssen, wird das hässliche Gesicht kennengelernt haben, das die moderne Apparatemedizin dem Patienten zuwendet. Das lange Warten, bis etwas geschieht; das Ausfüllen von Formularen; die zahllosen immer gleichen Fragen, die beantwortet werden müssen; die Batterie der chemischen und physikalischen Routineuntersuchungen, die von maskierten Technikern durchgeführt werden; und schließlich der kurze Kontakt mit dem Arzt. Gerade das, was der Patient am dringendsten braucht: persönliche Zuwendung und Aufmerksamkeit, findet er am wenigsten.

Da persönliche Zuwendung in der modernen Apparatemedizin zur knappsten Ressource geworden ist, lässt sich gar nicht vermeiden, dass sie ungleich verteilt wird. In den meisten fortgeschrittenen Ländern gibt es öffentliche Gesundheitssysteme, die mit unterschiedlichem Erfolg versuchen, medizinische Aufmerksamkeit gerecht zu verteilen. In diesen Ländern ist medizinische Aufmerksamkeit theoretisch für jedermann zugänglich. So verlangt es die Ethik der sozialen Gerechtigkeit. Aber wegen der steigenden Kosten ist soziale Gerechtigkeit auf diesem Gebiet immer schwerer zu verwirklichen. Wenn persönliche Zuwendung immer knapper wird, gelingt es Menschen mit höherem Status in aller Regel, sich mehr davon zu sichern, während Menschen mit geringerem Status weniger davon erhalten. Die öffentlichen Gesundheitssysteme bemühen sich sehr, am Ideal der sozialen Gerechtigkeit festzuhalten, und oft sind sie darin erfolgreich. Doch die Entwicklung der Medizintechnik und die damit einhergehenden Kostensteigerungen höhlen dieses Ideal beständig weiter aus. In den Vereinigten Staaten, die niemals ein öffentliches Gesundheitssystem besessen haben und daher auch nicht den Anspruch erheben, medizinische Ressourcen gleich zu verteilen, sind die Aussichten auf soziale Gerechtigkeit noch schlechter. Ein Gesundheitssystem, das auf der Idee des freien Marktes basiert, begünstigt unausweichlich die Reichen gegenüber den Armen, und mit wachsenden Kosten wächst auch die Ungleichheit in der medizinischen Behandlung.

Ich habe in meiner eigenen Familie ein kleines Beispiel für das Dilemma erlebt, in das die Ärzte durch die Entwicklung der Apparatemedizin geraten. Eine meine Töchter ist Kardiologin. Viele Jahre lang arbeitete sie in staatlich subventionierten Krankenhäusern und kümmerte sich dort um die Patienten, die durch das System geschleust wurden; ihre Arbeitszeit war brutal lang, und dennoch hatte sie wenig Zeit für persönliche Kontakte mit den Patienten. Ihre Patienten in den staatlichen Krankenhäusern waren meist arm und nicht versichert. Viele von ihnen hatten neben den Herzproblemen auch Aids oder Schusswunden. Das öffentliche Gesundheitssystem war darauf bedacht, diese Patienten möglichst schnell wieder aus dem Krankenhaus und zurück auf die Straße zu bringen. Letztes Jahr wurde meiner Tochter eine Stelle in einer privaten kardiologischen Praxis angeboten, mit sehr viel kürzerer Arbeitszeit, besserer Bezahlung, besseren Arbeitsbedingungen und der Aussicht, sich langfristig um ihre Patienten kümmern zu können. Sie nahm das Angebot ohne Zögern an. Sie fühlt sich dort sehr viel wohler. Sie kann ihre Behandlung der individuellen Krankengeschichte und der Persönlichkeit ihrer Patienten anpassen. Sie hat das Gefühl, nun eine bessere Ärztin zu sein. Und die neue Stelle gab ihr die nötige Flexibilität, um auch an eigene Kinder zu denken. In nahezu jeder Hinsicht war ihr Stellenwechsel eine kluge Entscheidung. Ihr einziges Problem sind leichte Gewissensbisse, weil sie die Armen im Stich gelassen hat, um nun Reiche zu behandeln. Nicht alle Patienten der Privatpraxis sind reich, aber alle zahlen für die persönliche Aufmerksamkeit, die sie ihnen nun schenken kann. Sie war gezwungen, zwischen sozialer Gerechtigkeit und Zufriedenheit in ihrem

Beruf zu wählen, und dabei zog die soziale Gerechtigkeit den Kürzeren. Ich mache ihr keinen Vorwurf deswegen. In einer sozial gerechten Gesellschaft würden Ärzte nicht gezwungen, solch eine Wahl zu treffen.

Ein ähnliches Dilemma, nicht ganz so einschneidend wie in der ärztlichen Praxis, aber ebenso bedeutsam, gibt es auch im Bereich des Computers und der Hightech-Kommunikation. Auch hier finden wir einen Konflikt zwischen den ökonomischen Kräften, die diese Technologien vorantreiben, und den Bedürfnissen ärmerer Bevölkerungsschichten. Der Zugang zu Personalcomputern und zum Internet ähnelt der Krankenversicherung: Fast jeder braucht ihn, aber die meisten Menschen haben ihn nicht. Wer im Internet ist und das World Wide Web für private und berufliche Zwecke nutzen kann, genießt große wirtschaftliche und soziale Vorteile. Zunehmend werden Arbeitsstellen und Geschäftsmöglichkeiten über das Internet angeboten; der Zugang zum Internet bedeutet den Zugang zu gut bezahlten Stellen. Wer keinen Zugang zum Internet hat, läuft Gefahr, in die neue Dienstbotenklasse abzusinken. Die Kluft zwischen Menschen mit und solchen ohne Zugang zum Internet ist heute bereits tief und wird immer tiefer.

Computer- und Softwareindustrie folgen zwei widersprüchlichen Antrieben. Einerseits möchten sie ihre Märkte unbedingt erweitern, indem sie ihre Erzeugnisse für jedermann erschwinglich machen. Andererseits zwingt der Wettbewerb sie, ihre Produkte ständig im Sinne größerer Leistung, höherer Geschwindigkeit und neuer Nutzungsmöglichkeiten zu verbessern. Das obere Ende des Marktes drängt zur Entwicklung neuer Produkte, und die neuen Produkte sind für die Armen unerschwinglich. Beim Tauziehen zwischen der Erweiterung des Marktes und der Bedienung des obersten Marktsegments bleiben die Konsumenten des oberen Segments in der Regel die Sieger.

Das Problem des ungleichen Zugangs zu Computern ist nur ein kleiner Teil der ungleichen Chancenverteilung in unserer Gesellschaft. Solange die Gesellschaft nicht bereit ist, die weitaus größeren Probleme der Ungleichheit auf dem Gebiet des Wohnens, der Bildung oder der medizinischen Versorgung anzugehen, wird man beim Versuch, gleiche Chancen auf den Zugang zu Computern herzustellen, allenfalls Teilerfolge erzielen können. Wenn man allerdings das allgemeine Problem der ungleichen Chancen lösen möchte, wäre der Zugang zu Computern immerhin ein guter Anfang. Zu den Vorzügen der neuen Internettechnologie gehört die ihr innewohnende Tendenz zur Globalisierung. Das Internet überwindet problemlos Barrieren der Sprache, der Sitten und der Kultur. Es gibt keine technischen Hindernisse, die eine universelle Zugänglichkeit unmöglich machten. Beim Zugang zum Internet lässt sich Gleichheit leichter realisieren als beim Wohnen oder in der medizinischen Versorgung. Ein universeller Zugang zum Internet würde nicht alle sozialen Probleme lösen, aber es wäre ein großer Schritt in die richtige Richtung. Dann könnte das Internet ein wichtiges Hilfsmittel zur Verringerung anderer Formen von Ungleichheit werden. Deshalb habe ich das Internet in den Titel dieses Buches aufgenommen.

* * *

In den Geschichten, die ich in diesem Kapitel erzählt habe, kam die Technologie jeweils zuerst und die Ethik folgte erst im zweiten Schritt. Ich habe historische Prozesse beschrieben, in denen zunächst technologische Veränderungen auftraten, die dann positive oder negative Auswirkungen auf die soziale Gerechtigkeit hatten. Dieses Geschichtsverständnis ist das Gegenteil des Bildes, das Max Weber in seinem berühmten Werk *Die Protestantische Ethik und der Geist des Kapitalismus* gezeichnet hat. In Webers Augen entstand zunächst die protestantische Ethik, und erst in deren Gefolge begann der Kapitalismus mit den zugehörigen Technologien seinen Aufstieg. Webers Ansicht hat sich in der modernen Geschichtswissenschaft durchgesetzt. Er sagte, die Ethik treibe die Technologie voran. Ich sage, die Technologie treibt die Ethik voran.

Ich werde nicht versuchen, Webers Sicht als falsch hinzustellen. Sein Bild der Geschichte ist zutiefst wahr. Es stimmt, dass die religiösen Revolutionen des 16. Jahrhunderts eine Ethik persönlicher Verantwortung und unermüdlichen Forschens hervorbrachten, eine Ethik, die den Aufstieg des Kapitalismus und technologische Innovation begünstigten. Es ist kein Zufall, wenn Isaac Newton, der herausragende Baumeister der modernen Naturwissenschaft, zugleich protestantischer Theologe war. Er nahm seine Theologie ebenso ernst wie die Naturwissenschaft. Und es ist kein Zufall, wenn Heinrich VIII., der König, der die protestantische Revolution nach England brachte, das College finanzierte, an dem Newton lebte und arbeitete. Heinrich und Isaac waren verwandte Geister: Beide rebellierten gegen die Autorität, beide waren Feinde des Papstes, beide waren Tyrannen und Egoisten reinsten Wassers, beide waren misstrauisch bis an die Grenze der Paranoia, beide glaubten an die protestantische Ethik, und beide liebten die Technik. Heinrich baute gerne Schiffe, Newton Fernrohre. Es stimmt, dass Ethik die Technik vorantreiben kann.

Ich sage nur, das ist nicht die ganze Wahrheit. Die Technik kann auch die Ethik vorantreiben; die Kausalbeziehung wirkt auch in der umgekehrten Richtung. Der Buchdruck gehörte ebenso zu den Ursachen für die Verbreitung der protestantischen Ethik, wie die protestantische Ethik zu den Ursachen für den Aufstieg der Schifffahrt und der Astronomie gehörte.

Ich bin nicht der Erste, der Webers Darstellung in Frage stellt. Auch der Historiker Richard Tawney hat die Wechselbeziehungen zwischen Religion und Kapitalismus untersucht und gelangte dabei zu ähnlichen Schlüssen wie ich. Er schätzte Max Weber sehr und schrieb ein Vorwort zur englischen Übersetzung der *Protestantischen Ethik*. Darin schrieb er: »Es ist aufschlussreich, mit Weber dem Einfluss religiöser Ideen auf ökonomische Entwicklungen nachzugehen. Ebenso wichtig ist es jedoch, den Einfluss der von einem Zeitalter akzeptierten ökonomischen Ordnung auf das religiöse Denken dieser Zeit zu erfassen.« Tawney ist der Ansicht, dass die Technik die Religion ebenso stark beeinflusste wie die Religion die Technik.

Da ich mit meinem Geschichtsverständnis Tawney näher stehe als Weber, stelle ich die Frage: Wie können wir dafür sorgen, dass die Ethik die Technik in einer Weise vorantreibt, die deren negative Auswirkungen minimiert und die positiven Auswirkungen maximiert? Ich werde zu zeigen versuchen, dass die Kausalkette von der Ethik zur Technik und zurück zur Ethik die Möglichkeit bietet, technischen und ethischen Fortschritt miteinander zu verbinden. Neue Technologien bieten reale Chancen für eine Verbesserung unserer Welt.

* * *

Das neue Jahrhundert ist eine gute Gelegenheit zu einem Neuanfang. Eine ethisch angeleitete Technik ist in der Lage, Milliarden von armen Menschen in aller Welt zu helfen. Allzu weite Teile der Technologie stellen heute nur Spielzeug für Reiche her. Die Ethik kann der Technologie eine neue Ausrichtung geben, weg vom Spielzeug der Reichen und hin zu den Bedürfnissen der Armen. Die Zeit ist reif für diesen Wandel. Die Sonne, das Genom und das Internet sind drei revolutionäre Kräfte des neuen Jahrhunderts. Sie sind stark genug, einige der schlimmsten Übel unserer Zeit abzustellen. Zu den größten Übeln gehört die Armut auf dem Lande. Überall auf der Erde und vor allem in den armen Ländern der Südhalbkugel verlassen Millionen verzweifelter Menschen ihre Dörfer und drängen in die übervölkerten Städte. Es gibt heute auf der Welt zehn Megastädte mit doppelt so vielen Einwohnern wie New York City. Schon bald werden es mehr sein. Das Wachstum der Weltbevölkerung ist einer der Gründe für die Landflucht. Weitere Gründe sind die Armut und der Mangel an Arbeitsplätzen in den Dörfern. Sowohl die Bevölkerungsexplosion als auch die Armut müssen bekämpft werden, wenn wir eine lebenswerte Zukunft haben wollen. Viele Bevölkerungsexperten sagen, wenn wir die Armut lindern können, wird die Bevölkerung sich von selbst stabilisieren, wie wir es in Europa und Japan erlebt haben.

Da ich kein Bevölkerungsexperte bin, werde ich dazu nicht mehr sagen. Ich sage nur, die Armut lässt sich durch eine Kombination aus Sonnenenergie, Gentechnik und Internet verringern. Und wenn die Armut nicht weiter zunimmt, wird vielleicht auch die Bevölkerung nicht weiter explodieren.

Ich habe mit eigenen Augen gesehen, was mit einem Dorf geschieht, wenn die ökonomische Lebensgrundlage zusammenbricht. Meine Frau ist in einem Dorf in Ostdeutschland aufgewachsen. Nach der Gründung der DDR kümmerte sich dort das kommunistische Regime um die Ökonomie des Dorfes, verkaufte die landwirtschaftlichen Erzeugnisse zu Festpreisen an die Sowjetunion und bot den Bauern dadurch ökonomische Sicherheit. Das Dorf blieb schön, und insgesamt konnte man recht gut dort leben. Seit 1910 hatte sich dort kaum etwas verändert. Das kommunistische Regime richtete im Dorf einen Zoo ein, in dem man mit begeisterter Unterstützung durch die Schulkinder eine Reihe von Tieren hielt. Das Dorf war zu Recht stolz auf seinen Tiergarten. Der Zoo wurde vom Staat finanziert und brauchte sich keine Sorgen über seine Rentabilität zu machen. Meine Frau und ich besuchten das Dorf noch zu kommunistischen Zeiten und fanden es sehr freundlich.

Dann kam 1990 die Wiedervereinigung Deutschlands. Über Nacht war die Wirtschaft des Dorfes ruiniert. Die Bauern mussten ihre Arbeit einstellen, weil niemand ihre Erzeugnisse kaufte. Russland konnte die Preise nicht mehr zahlen, weil alle Waren in D-Mark bezahlt werden mussten. Die deutschen Verbraucher wollten die Erzeugnisse nicht kaufen, weil sie in ihrer Qualität nicht den Produkten entsprachen, die sie in ihren Supermärkten kauften. Die Bauern konnten nicht mit den landwirtschaftlichen Erzeugnissen konkurrieren, die aus Frankreich oder Dänemark ins Land strömten. Darum wurden sie arbeitslos. Die meisten jungen Leute verließen das Dorf und suchten in den Städten Arbeit. Die meisten älteren Leute blieben. Viele von ihnen, junge wie ältere, sind heute noch ohne Arbeit. Der Zoo wurde geschlossen, weil die staatliche Unterstützung ausblieb. Der traurige Exodus, den wir 1991 in Westerhausen erlebten, ist derselbe, den man in Dörfern überall auf der Erde beobachten kann. Überall entwertet der Weltmarkt die Arbeit in den Dörfern. Aus der Armut wird bittere Not. Die Jüngeren und die Mutigeren verlassen die Dörfer, weil sie dort keine Arbeit finden.

In den neun Jahren seit der Wiedervereinigung Deutschlands hat Westerhausen sich langsam erholt. Möglich wurde diese Erholung dank eines Prozesses, den man in meiner englischen Heimat als *gentrification* bezeichnet. Wer Geld hat, für den bietet das Dorf immer noch große Annehmlichkeiten. Aus den Städten der Umgebung ziehen wohlhabende Leute ins Dorf und modernisieren die von den ursprünglichen Bewohnern aufgegebenen Häuser. Alte Bauernhäuser weichen Doppelgaragen. Die engen alten Straßen werden verbreitert, damit zwei Mercedes-Limousinen dort aneinander vorbei kommen. Die tausend Jahre alte Kirche wird renoviert und restauriert. Das Dorf wird als Ort für Naturfreunde und Pendler überleben. Das Dorf am Nordrand des Harzes liegt in der Nähe der norddeutschen Großstädte und noch näher bei den Naturschönheiten des Harzes. Als bleibendes Kapital hat das Dorf nur die Schönheit der Natur.

1997 haben meine Frau und ich das Dorf noch einmal besucht. Die Veränderungen gegenüber 1991 stachen ins Auge. Wie wohnten in dem eleganten neuen

Haus eines Freundes, der vor fünfzig Jahren gemeinsam mit meiner Frau die Volksschule besucht hatte. Das Dorf wirkt heute gepflegt und wohlhabend. In einem langsamen, schwierigen aber stetigen Prozess hat es sich von der Katastrophe des Jahres 1990 erholt. Die deutsche Bundesregierung tat zwei Dinge, um den harten Übergang zur freien Marktwirtschaft für die einheimische Bevölkerung etwas abzumildern. Hausbesitzer erhalten zinsgünstige Darlehen für die Modernisierung ihrer Häuser und die Nachfolger der ehemaligen Landwirtschaftlichen Produktionsgenossenschaften erhalten zinsgünstige Kredite für die Modernisierung ihrer Betriebe. Viele Häuser gehören inzwischen Auswärtigen und sind modernisiert worden; den wenigen Bauern, die weitergemacht haben, geht es gut. Auch der Zoo ist wieder eröffnet worden. Außerdem gibt es einige neue Gewerbebetriebe. Ein aus dem Westen Zugewanderter hat an einem Südhang einen großen Weinberg angelegt und wird in Kürze den ersten Westerhausener Wein ernten. Die Familie meiner Frau und viele ihrer Freunde sind im Dorf geblieben. Sie bereiteten uns einen warmen, freudigen Empfang.

Die wahrscheinliche Zukunft Westerhausens lässt sich an zahllosen englischen Dörfern ablesen. Im typischen englischen Dorf spielt die Landwirtschaft heute keine bedeutende Rolle mehr. Aber die *gentrifi-*

cation hat dafür gesorgt, dass diese Dörfer dennoch schön und wohlhabend bleiben. Reiche Haubesitzer zahlen viel Geld für das Privileg, unter einem Strohdach zu wohnen. Das Decken von Strohdächern ist eine der letzten alten dörflichen Handwerkstraditionen, die überlebt haben. Die Dachdecker sind meist jung, hoch qualifiziert und gut bezahlt. Die verbliebenen Bauern sind entweder Hobbylandwirte oder gut ausgebildete Fachleute, die große Betriebe bewirtschaften. Die alte bäuerliche Bevölkerung, die ihr Leben in Armut und Elend verbrachte, ist schon lange verschwunden. Gut versteckt, finden sich in vielen Dörfern Hersteller und Dienstleister aus dem Bereich der Hightech-Branchen. Eine der Hauptverwaltungen von IBM Europe befindet sich in dem englischen Dorf Hursley, nicht weit von meinem Geburtsort. In den Dörfern Frankreichs, zumindest in der Region um Paris, die ich kenne, bietet sich ein ähnliches Bild. Der Reichtum kommt in die Dörfer, weil sie bieten, was reiche Leute suchen: Ruhe und Sicherheit und Schönheit.

Was müsste man tun, um den ständigen Strom der Menschen aus den Dörfern in die Megastädte umzukehren und der Verwandlung schöner Städte in unregierbare Slums Einhalt zu gebieten? Ich glaube, der Strom lässt sich durch dieselben Prozesse umkehren, die wir in Westerhausen beobachtet haben. Und dazu müssen die Dörfer selbst Quelle von Reichtum werden. Aber wie sollte ein gottverlassenes mexikanisches Dorf zur Quelle von Reichtum werden? Drei Tatsachen machen das möglich. Erstens, die Sonnenenergie ist gleichmäßig über die Erde verteilt. Zweitens, die Gentechnik kann dafür sorgen, dass sich die Sonnenenergie überall für die Schaffung von Reichtum einsetzen lässt. Drittens, das Internet kann den Menschen in jedem Dorf die Informationen und die Fähigkeiten bereitstellen, die sie benötigen, um ihre Talente zu entwickeln. Sonne, Genom und Internet können gemeinsam auch in das mexikanische Dorf Reichtum bringen, wie einst die älteren Technologien der Elektrizität und des Automobils den Dörfern Englands Reichtum brachte. Jede der drei neuen Technologien bietet große Chancen.

* * *

Die Sonnenenergie ist überall dort im Überfluss vorhanden, wo sie in besonderem Maße gebraucht wird, das heißt eher auf dem Land als in den Städten, eher in den tropischen Ländern, in denen die meisten Menschen leben, als in den gemäßigten Breiten. Vor kurzem habe ich einen jungen Mann namens Bob Freling kennengelernt, der eine Hilfsorganisation mit dem Namen SELF (Solar Electric Light Fund) leitet.

Bob Freling ist kein Naturwissenschaftler, sondern Sprachwissenschaftler. Er liebt Sprachen und spricht fließend Spanisch, Russisch, Französisch, Chinesisch, Portugiesisch und Indonesisch. Er weiß, wie man in den unterschiedlichsten Ländern mit ganz verschiedenen Kulturen Kleinbetriebe aufbaut und führt. SELF hat sich zum Ziel gesetzt, Elektrizität aus Sonnenenergie an entlegene Orte zu bringen, die sonst keine Möglichkeit haben, elektrischen Strom zu erhalten.

Eine funktionierende Solaranlage kann die Lebensqualität in tropischen Dörfern ganz beträchtlich steigern. Dreißig oder fünfzig Watt reichen aus, um ein paar Leuchtstoffröhren, ein Radio oder ein kleines Fernsehgerät mehrere Stunden am Abend mit Strom zu versorgen. Jede Hütte im Dorf kann ihre eigene Anlage haben. Man benötigt keinen zentralen Generator, keine Überlandleitungen und keine Transformatoren. Die Sonne verteilt ihre Energie gleichmäßig auf alle Dächer. Kinder können abends zu Hause lesen und lernen. Das Dorf findet Kontakt zur Außenwelt.

SELF ist eine der Organisationen, die sich diesem Ziel verschrieben haben. Als Hilfsorganisation ist SELF nicht auf Gewinnerzielung aus, dennoch verschenkt man die Solaranlagen nicht an die Dorfbewohner, sondern verlangt von ihnen die üblichen

Marktpreise. Aber SELF gewährt ihnen Kredite, so dass sie die Bezahlung der Anlage auf vier Jahre verteilen können. Außerdem bezahlt SELF Fachkräfte, die den Dorfbewohnern zeigen, wie die Anlagen aufgebaut, betrieben und gewartet werden. Gegenwärtig führt SELF in elf Ländern solche Projekte durch, und zwar stets an Orten, die mit einiger Sicherheit in absehbarer Zeit nicht an ein Stromnetz angeschlossen werden dürften. Das jüngste Projekt dieser Art läuft auf der Insel Guadalcanal, nicht weit von dem Kriegschauplatz, auf dem eine der blutigsten Schlachten des Zweiten Weltkriegs geschlagen wurde. Statt Tod und Zerstörung bringt die Technik heute elektrisches Licht auf die Insel. Das inzwischen elektrifizierte Dorf ist bis heute nur mit dem Kanu erreichbar. Die Solaranlagen sind so leicht und robust, dass man sie mit Kanus transportieren kann.

Eines Tages wird es ein globales Internet geben, das sich auf ein Netz von Fernmeldesatelliten stützt, die durch Lasersignale und Radiowellen untereinander und mit der Erde verbunden sind. Jeder Punkt der Erde wird dann in Reichweite eines oder mehrerer Satelliten liegen. Aber nicht an jedem Punkt der Erde wird man Verbindung zum Internet aufnehmen können. Denn für Orte, an denen es keinen elektrischen Strom für Sende- und Empfangsanlagen gibt, werden die Satelliten am Himmel nutzlos sein. Die

Dörfer, in denen SELF Solaranlagen installiert hat, werden jedoch Zugang zum Netz haben. Die anderen Dörfer in der Umgebung werden dagegen isoliert bleiben.

Warum bedarf es dazu einer Hilfsorganisation? Warum können die Dorfbewohner das nicht selbst tun? Leider ist die Solartechnologie heute noch so teuer, dass ein durchschnittliches Dorf in der Dritten Welt sie sich nicht leisten kann. Selbst mit Unterstützung von SELF können nur Dorfbewohner mit beträchtlichen Geldeinkommen sich solch eine Anlage leisten. Im Augenblick liegen die Mindestkosten für die Installation einer Solaranlage bei 500 Dollar pro Haushalt.

Etwa die Hälfte dieser Kosten entfällt auf die Solarzellen, die Sonnenlicht in elektrischen Strom umwandeln. Für fertig konfektionierte, wetterfeste Solarzellen rechnet man heute mit Kosten von etwa fünf Dollar pro Watt. Man arbeitet jedoch an Zellen, die deutlich billiger sein werden. Die meisten Ökonomen sind der Ansicht, dass die Sonnenenergie Öl und andere fossile Brennstoffe erst dann in nennenswertem Umfang ersetzen wird, wenn der Preis pro Watt erzeugter Energie unter einen Dollar sinkt. Niemand kann sagen, ob die gegenwärtige Solartechnologie jemals billig genug sein wird, um den Energiebedarf der Welt zu decken. Wir wissen nur, dass es genug Sonnenenergie gibt, um unseren Bedarf gleich mehrfach zu decken, sofern wir Wege finden, diese Energie zu nutzen.

Inzwischen machen auch andere Formen der Nutzung von Sonnenenergie langsame Fortschritte. Von jeher nutzen wir die Sonnenenergie, indem wir Pflanzen für unsere Ernährung anbauen und Forstwirtschaft betreiben. Obwohl die Wälder der Erde stark zurückgehen, ist Feuerholz immer noch eine wichtige Energiequelle für die Landbevölkerung in Indien. Es gibt jedoch auch weniger zerstörerische Formen der Umwandlung von Sonnenenergie in Brennstoffe. So können pflanzliche und tierische Abfälle zur Erzeugung von Methangas benutzt werden. Aus Zuckerrohr lässt sich Alkohol herstellen. Solche Techniken werden vielerorts erfolgreich eingesetzt. Doch auf diesen Gebieten kommen wir nur langsam voran, weil Kohle, Erdöl und Erdgas immer noch zu billig sind. Möglicherweise werden wir eines Tages einen großen Teil des Weltenergiebedarfs durch den Anbau von Pflanzen decken, aus denen sich Brennstoffe herstellen lassen. Aber auch das wird erst in größerem Umfang Wirklichkeit werden, wenn die Kosten für Anbau und Verarbeitung dieser Pflanzen deutlich unter das gegenwärtige Niveau fallen.

Die von SELF durchgeführten Projekte in Asien, Afrika und Australasien sind deshalb rentabel, weil als alternative Energiequelle nur Öl in Frage kommt, und Öl ist in so entlegenen Gebieten sehr teuer. Es muss in Kanistern auf dem Rücken von Tieren oder Menschen in die Dörfer geschafft werden. Die Sonnenenergie braucht niemand zu tragen. Aber die SELF-Projekte lassen sich nur in kleinem Maßstab verwirklichen, weil die Dorfbewohner sich nicht mehr leisten können.

Fünfzig Watt pro Haushalt reichen nicht aus für eine moderne Ökonomie. Wenn die Menschen in entlegenen Dörfern Teil der modernen Welt werden sollen, brauchen sie weit größere Mengen Elektrizität, nämlich mehrere Kilowatt pro Haushalt. Strom für Kühlschränke und Elektrowerkzeuge und elektrisch angetriebene Maschinen. Wenn die Sonnenenergie ihre Bedürfnisse befrieden soll, muss sehr viel mehr davon verfügbar sein.

Verglichen mit unseren sonstigen Energiequellen, ist der ständige Strom der an der Erdoberfläche auftreffenden Sonnenenergie gewaltig. In den Tropen liegt die Sonneneinstrahlung bei fast 400 Megawatt pro Quadratkilometer und Tag. Diese Energiemenge reichte vollkommen aus, um eine dichte Bevölkerung mit allen Annehmlichkeiten unserer Zeit zu versorgen. Wenn die Sonnenenergie bisher noch nicht in großem Maßstab genutzt wird, so aus einem einfachen Grund: Sie ist zu teuer. Den bislang umfangreichsten Versuch in diese Richtung hat Brasilien unternommen; dort baute man in großem Maßstab Zuckerrohr an, um den daraus gewonnenen Alkohol als Treibstoff für Autos und Lastwagen zu verwenden. Zu diesem Zweck schützte und subventionierte Brasilien die einheimischen Alkoholerzeuger. Das Experiment war in technischer Hinsicht erfolgreich, aber die Kosten waren hoch. Inzwischen ist Brasilien zu einem freien Markt zurückgekehrt und hat das Experiment abgebrochen. Die Welt braucht keine Sonnenenergie, die hoch subventioniert ist, sondern eine, die billig genug ist, um mit dem Erdöl konkurrieren zu können.

Sonnenenergie ist teuer, weil sie auf großen Flächen gesammelt werden muss, und wir haben keine Technologie, mit der wir große Flächen billig abdecken könnten. Die Sonnenenergie hat den Vorzug, dass man sie auf unterschiedliche Art sammeln kann. Die Form des Sammelns lässt sich an die örtlichen Bedingungen anpassen.

Die beiden wichtigsten Sammelinstrumente sind Solarzellen zur Erzeugung von Elektrizität und Energiepflanzen zur Herstellung von Brenn- oder Treibstoffen. Abgesehen von kleinen Einheiten wie bei den SELF-Projekten, eignen sich Solarzellen am besten für Wüstengebiete, während der Anbau von Energiepflanzen den besten Weg für fruchtbare Gebiete darstellt. Jede Methode hat ihre Vorzüge und Nachteile. Solaranlagen erreichen eine hohe Energie-ausbeute, in der Regel zwischen 10 und 15 Prozent, aber ihre Herstellung und Wartung ist teuer. Energiepflanzen erreichen nur eine geringe Energieausbeute von etwa einem Prozent, und ihre Ernte ist aufwendig und teuer. Der von Solaranlagen erzeugte Strom ist von der Tageszeit und den Wetterverhältnissen abhängig; er lässt sich nur unter hohen Kosten in eine speicherbare Form umwandeln.

Die aus Energiepflanzen gewonnenen Treibstoffe lassen sich dagegen lagern. Wenn die Sonnenenergie billig werden soll, brauchen wir eine Technologie, die die Vorzüge photovoltaischer und biologischer Systeme miteinander verbindet. Zwei technische Fortschritte könnten das möglich machen. Erstens könnten Energiepflanzen gezüchtet werden, die eine den Solarzellen vergleichbare Energieausbeute von etwa 10 Prozent erreichen. Dadurch ließen sich die Boden- und Erntekosten beträchtlich verringern. Zweitens könnte man Energiepflanzen züchten, die gar nicht geerntet werden müssen, zum Beispiel Bäume, die Sonnenlicht in einen flüssigen Brennstoff umwandeln und diesen Brennstoff über ihre Wurzeln unmittelbar in ein unterirdisches Netz von Pipelines abgeben. Wenn man diese beiden Vorteile dann noch miteinander verknüpfen könnte, hätten wir eine billige, reichhaltige und umweltverträgliche Versorgung mit Sonnenenergie.

Unsere Hoffnung auf eine radikale Kostensenkung und eine höhere Energieausbeute bei Energiepflanzen kann sich nur auf die Gentechnik stützen. Die Landwirtschaft basiert von jeher auf gentechnischen Verfahren. Alle wichtigen Nutzpflanzen und Nutztiere sind durch Züchtung so stark verändert worden, dass sie kaum noch Ähnlichkeit mit den ursprünglichen Pflanzen oder Tieren haben. Gentechnik als Grundlage der Weltwirtschaft ist also nichts Neues. Neu ist nur die Geschwindigkeit der Entwicklung. Bei den traditionellen Verfahren dauerte es Jahrhunderte oder Jahrtausende, bis die verbesserten Pflanzen und Tiere entstanden, von denen die Menschheit bis vor hundert Jahren gelebt hat. Mit den modernen gentechnischen Verfahren, die auf einer genauen Kenntnis des Genoms basieren, wird man grundlegende Verbesserungen innerhalb weniger Jahre erreichen können. Deshalb sehe ich im Genom neben der Sonne und dem Internet eines der Werkzeuge, mit deren Hilfe wir eine bessere Zukunft für die Menschheit schaffen können.

Das Energieversorgungssystem der Zukunft ist möglicherweise ein großer Wald mit Bäumen verschiedener Art, die dem jeweiligen Klima und der lokalen Topographie angepasst sind. Wir dürfen hoffen, dass große Teile des Waldes als Naturreservate ausgewiesen werden, die von menschlicher Besiedlung ausgeschlossen sind und zahlreichen Tieren einen Lebensraum bieten, damit die natürliche Vielfalt unserer Umwelt erhalten bleibt. Aber der größere Teil könnte durchaus von Menschen besiedelt werden, so dass Städte und Dörfer sich unter Bäumen ausbreiten. Landbesitzer außerhalb der Naturreservate sollten die Wahl haben, ob sie Bäume zur Energieerzeugung pflanzen oder nicht. Wenn die Bäume das Sonnenlicht mit einem Wirkungsgrad von zehn Prozent in Brennstoffe umwandeln, könnten Landbesitzer für Tausende von Dollar pro Jahr und Hektar Energie verkaufen und die heutigen Benzinpreise leicht unterbieten. Die Besitzer von landwirtschaftlichen Flächen und städtischen Grundstücken hatten einen starken ökonomischen Anreiz, Bäume zu pflanzen. Selbst ohne solch einen Anreiz findet man in Stadtvierteln, in denen reiche Leute wohnen, gewöhnlich sehr viele Bäume.

Die Menschen leben gerne unter Bäumen. Wenn die Bäume zugleich auch Brennstoffe aus Sonnenlicht erzeugten, würde sich das Erscheinungsbild der Städte nicht sonderlich verändern. Die Energieplantagen der Zukunft brauchen keine Monokulturen zu sein, mit Bäumen ein und derselben Art, die in endlosen Reihen angepflanzt werden. Sie könnten so vielfältig und spontan sein wie natürliche Waldlandschaften, mit Freiflächen, Häusern, kleinen Städten, Fabriken und Seen.

Das wichtigste Instrument für die Verwirklichung dieses Traums einer zukünftigen Landschaft ist die Gentechnik. Gegenwärtig wird viel Geld für die Sequenzierung des menschlichen Genoms ausgegeben. Das Human Genome Project leistet keinen unmittelbaren Beitrag zur Züchtung von Bäumen. Aber neben dem menschlichen Genom werden zahlreiche andere Genome sequenziert: Bakterien und Hefepilze und Würmer und Fruchtfliegen. Für den Fortschritt der Gentechnik sind einfachere Genome wichtiger als das menschliche Genom. Bald werden wir die Genome der wichtigsten Getreidepflanzen Weizen, Mais und Reis entschlüsselt haben, und danach kommen die Bäume an die Reihe. In einigen Jahrzehnten werden wir das Genom weitgehend verstanden haben, und dank dieses Wissens werden wir Bäume züchten können, die Sonnenlicht in Brennstoffe umwandeln, ohne dass darunter die Vielfalt litte, auf der die Schönheit natürlicher Wälder beruht.

Aber wir werden mit gentechnischen Methoden nicht nur Bäume züchten, die mit hohem Wirkungsgrad aus Sonnenlicht Brennstoffe erzeugen, sondern auch Bäume, die das Sonnenlicht benutzen, um andere nützliche Produkte herzustellen, zum Beispiel

Siliziumchips für Computer oder für Solarzellen. Die ökonomischen Kräfte werden dann dafür sorgen, dass die Industrie von den Städten aufs Land abwandert. Bergbau und produzierendes Gewerbe bezögen ihre Energie aus der am Ort verfügbaren Sonnenenergie, und der Abfall würde von gentechnisch erzeugten Geschöpfen beseitigt oder für eine Wiederverwendung aufbereitet. Vielleicht wird es sogar möglich sein, Häuser und Straßen auf biologischem Wege von kleinen Polypen bauen zu lassen, die an Land ähnlich stabile Strukturen errichten wie die Korallen im Meer.

Das dritte und wichtigste Element in unserem Dreigestirn neuer Technologien ist das Internet. Das Internet ist deshalb wichtig, weil dadurch auch Betriebe an den entlegendsten Orten in das Geflecht der modernen Weltwirtschaft integriert werden können. Über das Internet können Menschen in entlegenen Gebieten Handel treiben, kaufen und verkaufen, den Kontakt zu Freunden halten, ihre Ausbildung fortsetzen, ihren Hobbys oder Vorlieben nachgehen und sich über das Geschehen in der ganzen Welt informieren. Das wird allerdings nicht mehr das Internet von heute sein, das nur Menschen mit Computerkenntnissen in den reichen Ländern und einer kleinen wohlhabenden Elite in den armen Ländern zugänglich ist. Es wird sich vielmehr um ein wahrhaft globales Internet handeln, das über ein Netz von Satelliten selbst solche Orte erreicht, die nicht an ein Glasfasernetz angeschlossen werden können. Das neue Internet wird der kulturellen Isolation armer Länder und armer Menschen ein Ende setzen.

Zwei technische Probleme sind noch zu lösen, wenn das Internet nahezu jedermann zugänglich sein soll. Das eine betrifft die Gesamtarchitektur, das zweite die sogenannte »letzte Meile«. Bei der Gesamtarchitektur gilt es, die effizienteste Kombination aus Festnetzen und satellitengestützen Netzen für die entlegendsten Winkel der Erde zu finden. Das Satellitenkommunikationssystem Teledesic, das sich gegenwärtig in der Entwicklung befindet, versteht sich als partielle Antwort auf diese Fragen. Das Teledesic-System besteht aus einem dichten Netz von 288 Satelliten, die sich auf niedrigen Umlaufbahnen befinden und dafür sorgen sollen, dass zwei beliebige Punkte auf der Erde jeweils in kürzester Zeit Verbindung zueinander aufnehmen können. Sollte das Teledesic-System nicht verwirklicht werden, wird man ein anderes System entwerfen, das dieselbe Aufgabe erfüllt. Das Problem der letzten Meile ist schwieriger zu lösen. Dabei geht es um den Anschluss einzelner Häuser und Familien an das nächste Internetterminal. Das Problem der letzten Meile kann nur schrittweise gelöst werden, mit

Methoden, die von den geographischen Gegebenheiten und der regionalen Kultur abhängen.

Eine geniale Methode zur Lösung dieses Problems in amerikanischen Städten hat kürzlich Paul Baran, der eigentliche Erfinder des Internets, vorgeschlagen. Das sogenannte Ricochet-System besteht aus einer Vielzahl kleiner Sende- und Empfangsanlagen, die über Funk mit dem örtlichen Netzwerk in Verbindung stehen. Praktikabel ist dieses System, weil die Sender ständig ihre Sendefrequenz ändern, so dass sie sich gegenseitig nicht stören. Das System ist flexibel und billig, denn man braucht nun keine Festleitung mehr vom Internetterminal in jedes Haus und jede Wohnung zu legen. Für amerikanische Städte eignet es sich gut. Ob das auch auch für ein mexikanisches Dorf oder ein peruanisches Barrio gilt, wird sich erst noch zeigen müssen. Eine wesentliche Voraussetzung für den Zugang zum Internet ist eine zuverlässige Stromversorgung. Die Dorfbewohner müssen erst einmal Strom haben, bevor sie ein Modem benutzen können.

Nehmen wir einmal an, wir können die technischen Probleme lösen, die mit der kostengünstigen Erschließung der Sonnenenergie, der gentechnischen Züchtung industrieller Nutzpflanzen und dem universellen Zugang zum Internet verbunden sind. Was würde dann geschehen? Die Lösung dieser drei

Probleme könnte eine weltweite soziale Revolution auslösen, ähnlich der Revolution, die wir in den Dörfern Englands und Deutschlands gesehen haben. Billige Sonnenenergie und Gentechnik werden die Grundlagen für die Ansiedlung von Unternehmen der Primärindustrien auf dem Lande legen und zu einer Modernisierung der Landwirtschaft, des Bergbaus und des produzierenden Gewerbes führen. Später werden dann die vielfältigen Unternehmen des sekundären und tertiären Sektors, die das Internet für die Koordinierung ihrer Aktivitäten nutzen, Nahrungsmittelverarbeitung, Verlage, Unternehmen aus dem Bereich der Unterhaltung, des Bildungs- und des Gesundheitswesens, den Primärindustrien folgen und aus den überfüllten Städten in Kleinstädte und Dörfer verlagert werden. Wenn die Dörfer erst reich sind, werden sie weitere Menschen und weiteren Reichtum aus den Städten anziehen.

Ich möchte nicht behaupten, in der schönen neuen Welt der Zukunft würden alle auf dem Land leben. Viele von uns werden weiterhin in Groß- oder Mittelstädten leben wollen. Ich sage lediglich, die Menschen sollten die Wahl haben. Wenn der Reichtum in die Dörfer zurückkehrt, werden die Menschen dort nicht mehr aus ökonomischer Notwendigkeit weggehen müssen, und die Menschen in den Megastädten werden nicht mehr aus ökonomischen Gründen gezwungen sein, dort zu bleiben. Viele von uns werden sich für ein Leben auf dem Land entscheiden, wie es heute schon manche erfolgreiche Broker oder Manager in England oder Deutschland tun.

Das ist mein Traum: dass Sonnenenergie, Gentechnik und Internet gemeinsam eine sozial gerechtere Welt ermöglichen werden, in der jedes mexikanische Dorf ebenso wohlhabend sein wird wie Princeton. Natürlich ist das nur ein Traum. Die Ungleichheit wird bleiben, und die Armut wird nicht verschwinden. Aber ich halte die Hoffnung für berechtigt, dass die Welt bald ein gutes Stück auf dem oben beschriebenen Weg vorankommt. Wir werden den technologischen Schub durch ethische Erwägungen unterstützen müssen. Die Ethik muss die Technik in Richtung sozialer Gerechtigkeit führen. Tun wir unser Bestes, um die Welt in diese Richtung zu drängen. Und da kann Hoffnung keineswegs schaden.

Der Weg ins All

1985 besichtigte ich das Johnson Space Flight Center in Houston und kletterte in dem Space Shuttle herum, das dort für Besucher ausgestellt ist. Das war noch vor der Challenger-Katastrophe, und das Shuttle wurde als ein sicheres Verkehrsmittel angepriesen, mit dem selbst Kongressabgeordnete und Schulkinder ins All fliegen könnten. Damals fiel mir auf, wie viel Zeug sie an Bord hatten, das ausschließlich dem Wohl der menschlichen Passagiere diente. Das Shuttle machte eher den Eindruck eines Hotels oder Krankenhauses als den eines Raumschiffs. Ich rechnete mir überschlägig aus, wie viele Tonnen sie ins All beförderten, nur um sieben Passagiere ein paar

Wochen lang am Leben zu erhalten. Ich fragte mich, warum sie das ganze Zeug nicht einfach herausrissen und das Shuttle vom Boden aus steuerten. Der Start und der Flug im Orbit wurden bereits von der Bodenstation gesteuert. Nur die Landung übernahm ein menschlicher Pilot. Es konnte nicht schwer sein, auch die Landung über Fernsteuerung durchzuführen.

Damals brachten die meisten Shuttle-Missionen unbemannte Satelliten für diverse wissenschaftliche, kommerzielle oder militärische Zwecke in Umlaufbahnen um die Erde. Diese Aufgabe hätte sich leicht auch automatisch erledigen lassen. Nur bei wenigen Missionen war es tatsächlich erforderlich, dass Menschen an Bord waren, etwa um Experimente durchzuführen oder das Hubble-Teleskop zu reparieren. Es wäre durchaus sinnvoll gewesen, zwei der Shuttles mit ihrer ganzen Hotelausrüstung für bemannte Missionen einzusetzen und bei den zwei anderen dieses ganze Zeug herauszunehmen und sie als unbemannte Trägersysteme für das Aussetzen von Satelliten zu benutzen. Die Eisenbahngesellschaften haben schon vor langer Zeit erkannt, dass es sinnvoll ist, für den Transport von Menschen und von Gütern unterschiedliche Waggons zu verwenden. Personenzüge sind teuer, und der Umgang mit Passagieren ist umständlich. Güterzüge sind billig und befördern eine weitaus größere Nutzlast. Wäre das Shuttle-

Programm an diesem Vorbild ausgerichtet worden, hätten wir sehr viel Geld sparen können. Die reine Frachtversion des Shuttle hätte bei geringeren Kosten eine höhere Nutzlast als die Passagierversion transportieren können, ohne Menschenleben zu gefährden. Leider fanden die Verantwortlichen in Houston diese Idee nicht gut. Ihr eigentlicher Daseinsgrund lag in der Ausbildung von Astronauten und der Durchführung manuell gesteuerter Raumflüge.

Nach meinem erfolglosen Versuch, das Shuttle auszuweiden, ging ich in das Museum des Johnson Space Flight Center und sah mir die Sammlung von Gesteinen an, die man bei den Mondlandungen zusammengetragen hatte. Ein Teil der Gesteinsproben ist an Wissenschaftler gegangen, die sie andernorts unter diversen Gesichtspunkten analysieren, aber ein großer Teil ist in Houston geblieben.

Wissenschaftler, die sich mit Mondgestein befassen, interessieren sich meist auch für Meteoriten. Die Instrumente zur Analyse von Meteoriten eignen sich auch zur Analyse des Mondgesteins. Darum haben Wissenschaftler aus Houston Expeditionen in die Antarktis unternommen, um Meteoriten zu finden, die sich dort im Eis angesammelt haben. Diese Meteoriten waren in Vitrinen gleich neben den Mondgesteinen ausgestellt. Die Meteoritensammlung enthielt auch zwei Meteoriten, die vom Mars stammen;

außerdem einen Meteoriten ALH84001, der später noch Berühmtheit erlangen sollte. Diesen Meteoriten hatte Roberta Score 1984 in der Antarktis gefunden und nach Houston gebracht, aber als ich das Museum besuchte, wusste man noch nicht, dass er vom Mars stammt. Das erkannte David Mittelfehldt erst drei Jahre später.

Die Marsgesteine sehen anders aus als die übrigen Meteoriten. Sie sind heller und wirken sandig. Aber diese Unterschiede im Aussehen beweisen noch nicht, dass sie aus einer anderen Himmelsregion stammen. Wir wissen, dass sie vom Mars stammen, weil einer von ihnen winzige Einschlüsse eines Gases enthält, das genau dieselbe Zusammensetzung besitzt wie die Marsatmosphäre. Die Zusammensetzung der Marsatmosphäre wurde 1976 an Ort und Stelle mit Instrumenten gemessen, die man bei den Viking-Missionen auf dem Mars absetzte. Sie unterscheidet sich deutlich von der Zusammensetzung der Erdatmosphäre. Ein Gas der in den Marsgesteinen gefundenen Zusammensetzung kann nur vom Mars stammen. Diese Gesteinsbrocken müssen beim Einschlag eines großen Asteroiden oder Kometen aus der Marskruste herausgebrochen und ins All geschleudert worden sein. Danach umkreisten sie einige Millionen Jahre lang die Sonne und stürzten schließlich auf die Erde. Außer den zweien, die ich in Houston sah, gibt es noch ein Dutzend weiterer Marsmeteoriten in anderen Museen. Es ist erstaunlich, dass so viele den Einschlag des kleineren Himmelskörpers und die Reise zur Erde überstanden haben und dann noch das Glück hatten, von Meteoritenjägern gefunden zu werden. Da in wenigen Jahren so viele von ihnen auf der Erde entdeckt worden sind, müssen Millionen weitere noch die Sonne umkreisen und darauf warten, entdeckt zu werden.

Es war wie ein Wunder. Da stand ich in diesem Museum in Houston, und kaum dreißig Zentimeter entfernt, nur durch eine dünne Glasscheibe von mir getrennt, lag ein Stück Stein vom Mars. Damals sprach die NASA ernsthaft von großartigen Marsflügen, die viele Milliarden Dollar kosten sollten. Zur Begründung solcher Unternehmungen verwies man unter anderem auf die Möglichkeit, Gesteinsproben vom Mars zu holen, damit sie von Wissenschaftlern analysiert werden konnten. Und da lagen nun in Houston Gesteinsproben vom Mars, die uns die Natur frei Haus geliefert hatte. Ich fand es seltsam, dass anscheinend niemand sie analysierte. Soweit ich feststellen konnte, schien außer mir niemand in Houston von den Marsgesteinen fasziniert zu sein. Eine ganze Weile stand ich da und starrte auf die Gesteinsbrocken. Aber niemand sonst schaute sie an. Ich sagte einigen Leuten von der NASA, sie sollten vielleicht lieber das Marsgestein untersuchen, das sie schon hatten, statt milliardenteure Marsmissionen zu planen, um weitere Proben zu sammeln. Aber damals interessierten sich die Verantwortlichen in Houston offenbar nicht für Dinge, die nicht wenigstens ein paar Milliarden Dollar kosten würden.

Inzwischen hat sich vieles geändert. Heute interessiert sich die NASA sehr für billige Missionen, und viele Wissenschaftler interessieren sich für Marsgesteine. Vor kurzem wurden einige Proben genauer untersucht als jemals zuvor. Die berühmte Probe ALH84001, die damals im Museum in Houston lag und noch nicht als Marsgestein identifiziert worden war, enthält chemische Spuren, die als Beweis für früheres Leben auf dem Mars gedeutet werden könnten. Zwei Gruppen von Wissenschaftlern stießen auf kleine, wurmartige Strukturen, bei denen es sich möglicherweise um die Überreste von Mikroben handelt.

Es ist äußerst fraglich, ob diese Spuren tatsächlich biologischen Ursprungs sind. Jedenfalls können wir daraus nicht schließen, dass es auf dem Mars früher einmal Leben gegeben hat. Die Entdeckung der Spuren ist jedoch aus zwei anderen Gründen bedeutsam. Erstens, wenn wir wirklich ernsthaft daran interessiert sind, Spuren von Leben auf dem Mars zu finden, dann wissen wir jetzt, dass die auf der Erde zu findenden Marsgesteine sich am ehesten für diese

Suche eignen. Statt viele Jahre zu warten, bis man in einer kostspieligen Mission auf dem Mars gelandet ist und ein paar Brocken Marsgestein zur Erde zurückgebracht hat, können wir in der Antarktis sehr viel größere Gesteinsbrocken finden, denn in der Eisdecke haben sich Meteoriten angesammelt, die wir mit vergleichsweise geringem Aufwand ausfindig machen können. Zweitens zeigen diese Gesteine, wenn es auf dem Mars irgendwann einmal Leben gegeben hat, dann ist es auch denkbar, dass lebensfähige Keime vom Mars auf die Erde gelangt sind, so dass unser Leben hier auf der Erde möglicherweise vom Mars stammt. Joseph Kirschvink vom California Institute of Technology hat die Marsprobe ALH84001 einer sorgfältigen mineralogischen Analyse unterzogen und ist dabei zu dem Schluss gelangt, dass die Temperatur im Innern des Gesteinsbrockens zu keiner Zeit über den Siedepunkt von Wasser gestiegen sein dürfte. Im Innern des Gesteinsbrockens blieb es immer relativ kühl. Falls eine lebende Mikrobe oder Spore darin eingeschlossen war, könnte sie die Reise zur Erde überstanden haben.

In den ersten Milliarden Jahren nach der Entstehung des Sonnensystems, als der Mars ein warmes Klima und sehr viel Wasser besaß, waren Asteroideneinschläge noch sehr viel häufiger als heute. Damals stürzten zahlreiche Gesteinsbrocken vom Mars auf die Erde, und auch Gesteinsbrocken von der Erde müssen in großer Zahl auf den Mars gestürzt sein. Wir sollten uns daher nicht wundern, wenn sich zeigen sollte, dass das Leben, wo immer es entstanden sein mag, sich rasch über die Planeten ausbreitete. Falls wir jemals Lebewesen auf dem Mars finden, wird es sich dabei wahrscheinlich um unsere Vorfahren oder um unsere Vettern handeln.

* * *

Leben gibt es möglicherweise auch in einem sehr tiefen Ozean auf dem Jupitermond Europa. Der Jupiter besitzt vier große Monde, die Galileo Galilei schon vor vierhundert Jahren entdeckte. Er gab ihnen, in der Reihenfolge von innen nach außen, die Namen Io, Europa, Ganymed und Callisto. Er kannte sich in der antiken Mythologie bestens aus und wusste, dass die drei jungen Frauen Io, Europa und Callisto und der Jüngling Ganymed Geliebte des Jupiter gewesen waren. Die Raumsonde Galileo, die gegenwärtig den Jupiter umkreist, sendet großartige Bilder dieser Monde zur Erde zurück. Die neuen Bilder des Mondes Europa zeigen eine glatte Eisfläche mit zahlreichen Rissen, aber wenigen Kratern. Es sieht so aus, als triebe dort Eis auf einem flüssigen Ozean, das gelegentlich aufgrund der Bewegung des Wassers bricht.

Die Bilder haben große Ähnlichkeit mit Luftaufnahmen der Eiskappe über dem Nordpolarmeer. Es ist durchaus denkbar, dass sich unter dem Eis auf dem Jupitermond Europa ein warmer Ozean befindet. Auf Io herrscht eine Gluthitze, und es finden sich starke vulkanische Aktivitäten. Die Oberfläche des Ganymed besteht aus Eis, das jedoch nicht so glatt und eben ist wie auf Europa. Und Callisto sieht aus wie ein mit alten Kratern übersäter Ball aus festem Eis. Die drei inneren Monde werden im Innern durch die Gezeitenwirkung der gewaltigen Jupitermasse aufgeheizt, aber diese innere Aufheizung nimmt mit wachsender Entfernung zum Jupiter rasch ab. Wir dürfen daher erwarten, dass Europa unter der Oberfläche sehr viel kälter als Io und sehr viel wärmer als Ganymed und Callisto ist. Da auf Io alles Wasser verdampft und auf Callisto zu einer festen Eismasse erstarrt ist, besteht auf Europa die größte Wahrscheinlichkeit, dass sich unter der Eisdecke ein warmer, flüssiger Ozean befindet. Auch auf Ganymed könnte ein flüssiger Ozean existieren, aber die Eisschicht darüber dürfte sehr viel dicker sein. Von allen Welten, die wir jenseits der Erde bislang erkundet haben, bieten Mars und Europa gegenwärtig die größten Chancen, auf Spuren von Leben zu stoßen.

Die Landung einer Raumsonde auf dem Jupitermond Europa zur direkten Erkundung des unter dem

Eis befindlichen Ozeans wäre ein gewaltiges Unternehmen, denn diese Raumsonde müsste sehr schweres Gerät mit sich führen, um die Eisdecke zu durchbohren. Die Kosten solch eines Unternehmens wären heute prohibitiv hoch. Aber es gibt eine einfachere Möglichkeit. Wie Asteroiden- und Kometeneinschläge auf dem Mars uns die Möglichkeit eröffnen, nach Spuren von Leben auf diesem Planeten zu suchen, so bieten uns solche Einschläge auf Europa die Möglichkeit, nach Spuren von Leben auf diesem Jupitermond zu suchen. Wir wissen, dass Einschläge auf Europa mindestens ebenso häufig sein müssen wie auf Callisto, dem weiter außen gelegenen Jupitermond, der erkennbar mit Kratern übersät ist. Bei einem größeren Einschlag auf Europa dürften gewaltige Mengen Wasser aus dem Ozean in den Raum um Jupiter geschleudert werden. Das Wasser wird teilweise verdunsten und teilweise zu Schnee kondensieren. Dabei haben Lebewesen, die sich nicht allzu nahe bei der Einschlagstelle im Wasser befinden, durchaus eine Chance, mit dem Wasser unversehrt ins All befördert und dort gefriergetrocknet zu werden. Am einfachsten gestaltet sich die Suche nach Leben im Ozean des Jupitermondes daher, wenn man nach gefriergetrockneten Fischen sucht. Diese Fische könnten auf dem Eis des Mondes liegen oder den Jupiter umkreisen. Jupiter besitzt bereits einen Ring aus Trümmerstücken. Es besteht eine große Wahrscheinlichkeit, dass alles, was aus dem Trabanten Europa herausgeschleudert wird, sich in diesem Ring sammelt. Eine Raumsonde zum Jupiter zu schicken und damit den Ring genauer zu untersuchen wäre weitaus billiger, als eine Sonde auf Europa abzusetzen, die dann versuchte, durch die Eisschicht zu dem Ozean vorzudringen. Eine nähere Untersuchung des Jupiterrings könnte mache Überraschung zutage fördern, auch wenn wir keine gefriergetrockneten Fische finden. Aber vielleicht stoßen wir auf gefriergetrocknete Meeresalgen oder auf ein gefriergetrocknetes Seeungeheuer.

Die Vorstellung, im Jupiterring auf gefriergetrocknete Fische zu stoßen, mag allzu phantastisch erscheinen, aber im biologischen Bereich ist die Natur oft sehr phantasievoll. Überhaupt ist die Natur oft phantasievoller als wir. Niemand in Europa konnte sich einen Paradiesvogel oder ein Schnabeltier vorstellen, bevor sie von Naturforschern entdeckt wurden. Selbst nachdem das Schnabeltier entdeckt und ein Exemplar nach London gebracht worden war, erklärten einige Gelehrte es für eine Fälschung. Viele der schönsten Schöpfungen der Natur könnten als äußerst unwahrscheinlich abgetan werden, wenn man nicht wüsste, dass es sie tatsächlich gibt. Wenn wir das Universum erkunden und nach Spuren von Leben suchen, können wir nach Dingen Ausschau halten, die wahrscheinlich, aber schwer zu finden sind, oder aber nach Dingen, die unwahrscheinlich, aber leicht zu finden sind. Bei der Klärung der Frage, wonach wir suchen wollen, ist die Aufspürbarkeit ein mindestens ebenso nützliches Kriterium wie die Wahrscheinlichkeit. Primitive Lebensformen, die tief im Innern eines Himmelskörpers verborgen sind, mögen wahrscheinlicher sein, aber gefriergetrocknete Fische, die um einen Planeten kreisen, lassen sich leichter aufspüren. Um größere Erfolgschancen zu haben, sollten wir unsere Augen für alle Möglichkeiten offen halten.

Nach einer ähnlichen Logik könnte es durchaus sinnvoll sein, auf dem Mars nach warmblütigen Pflanzen Ausschau zu halten. Jede Lebensform, die den Wechsel vom warmen, feuchten Klima der Vergangenheit zum kalten, trockenen Klima der Gegenwart überlebt hat, stand einmal vor der Wahl zwischen zwei Möglichkeiten. Entweder zog sie sich tief in den Marsboden an solche Orte zurück, an denen noch Wasser zu finden ist, oder sie blieb an der Oberfläche und schützte sich gegen Kälte und Trockenheit durch den Aufbau einer wärmeisolierenden, lichtdurchlässigen Schicht, unter der sie wie in einem Gewächshaus ein warmes, feuchtes Innenklima aufrecht erhalten konnte. Die erste Alternative ist wahrscheinlicher, aber weitaus schwerer aufzuspüren. Lebensformen tief im Marsboden, die ohne Licht auskommen müssten, wären wahrscheinlich mikroskopisch klein wie die Bakterien tief im Innern der Erdkruste. Solche Lebewesen könnte man nur mit schwerer Ausrüstung durch Tiefbohrungen aufspüren. Die zweite Alternative ist weniger wahrscheinlich, aber leichter aufzuspüren.

Viele Pflanzenarten auf der Erde, darunter auch der Stinkende Zehrwurz, der im Februar in den Wäldern um Princeton wächst, sind in begrenztem Maße warmblütig. Der Stinkende Zehrwurz hält in seinem Blütenkolben mit den verdeckten männlichen und weiblichen Geschlechtsorganen etwa zwei Wochen lang eine Temperatur aufrecht, die über der Umgebungstemperatur liegt. Man sagt, die Temperatur sei so hoch, dass der Schnee in der Umgebung des Blütenkolbens schmilzt. Der evolutionäre Vorteil solcher Warmblütigkeit bei Pflanzen liegt wahrscheinlich darin, dass die Wärme kleine Käfer und Insekten anlockt, die in den Blütenkolben eindringen und die Blüten bestäuben. Die Wärme wird durch eine schnelle Umwandlung der im Blütenkolben gespeicherten Stärke erzeugt. Der Blütenkolben ist jedoch kein Gewächshaus, und der Stärkevorrat reicht nicht aus, um die höhere Temperatur das ganze Jahr hindurch aufrecht zu erhalten. Keine Pflanze auf der Erde ist in der Lage, einen arktischen Winter hindurch die nötige Wärme aufrecht zu erhalten. Eisbären können in kälterem Klima überleben als Bäume. Durch einen Zufall der Evolution haben sich auf der Erde zwar warmblütige Tiere entwickelt, die kalte Regionen kolonisieren können, nicht aber warmblütige Pflanzen. Wegen des höheren Selektionsdrucks auf dem Mars könnte es aber sein, dass dort Pflanzen zu drastischeren Formen der Anpassung gezwungen waren.

Pflanzen, die gelernt haben, Gewächshäuser zu bauen, könnten sich durch das Licht einer fernen Sonne wärmen und den bei der Photosynthese entstehenden Sauerstoff zurückhalten. Wie Schildkröten einen Panzer aufbauen und Eisbären ein Fell entwickeln, so könnten Pflanzen ein Gewächshaus um sich herum bauen. Kolonien solcher Pflanzen könnten größere Bauten errichten wie die Korallen in tropischen Meeren ihre Riffe. Die Gewächshäuser könnten aus einer dicken, wärmeisolierenden Schicht mit kleinen, lichtdurchlässigen Fenstern für das Sonnenlicht bestehen. Eine Reihe einfacher Linsen oder Spiegel an der Außenseite würde das Licht bündeln und durch die Fenster ins Innere lenken. Um die Strahlungsverluste gering zu halten, dürften die Fenster nur klein sein. Die Pflanze bräuchte außerdem tief reichende Wurzeln, um Wasser und Nährstoffe aus wärmeren Bodenschichten herauf zu befördern. Wenn solch eine Pflanze als warmblütig bezeichnet wird, heißt das nicht, dass sie eine Blutzirkulation oder ein System zur aktiven Wärmeregulation besäße, sondern lediglich, dass sie in der Lage ist, die Temperatur im Innern auf dem Niveau eines unbeheizten Gewächshauses zu halten. Im Innern des Gewächshauses könnte die Pflanze Blätter und Blüten in einer sauerstoffhaltigen Umgebung treiben, in der auch aerobe Mikroben und Tiere leben könnten. Gruppen solcher Gewächshäuser könnten zu ausgedehnten Lebensräumen für andere Pflanzen- oder Tierarten zusammenwachsen. Eine Gemeinschaft von Mikroben und Pilzen könnte den Pflanzen helfen, Nährstoffe aus dem Gestein, dem Eis oder dem Boden herauszulösen. Durch Poren in der Außenhaut könnte Kohlendioxid aus der Atmosphäre außerhalb des Gewächshauses aufgenommen werden, wobei kleine Luftschleusen den Verlust an Sauerstoff und Wasser möglichst gering halten müssten.

Falls es auf dem Mars warmblütige Pflanzen gibt, ist damit noch nicht gesagt, ob sie leicht oder schwer zu entdecken wären. Wir können nicht voraussagen, ob sie sich auf einer Fotografie deutlich von ihrer Umgebung abhöben. An zwei Dingen könnte man sie jedoch mit größter Wahrscheinlichkeit erkennen: an Wärme- und Sauerstofflecks. Weder die Wärmeisolation noch die Abdichtung könnten vollkommen sein. Wenn wir bei Nacht nach Stellen mit erhöhter

Wärmestrahlung und am Tag nach ungewöhnlichen Sauerstoffspuren in der Atmosphäre suchen, könnten wir solche warmblütigen Pflanzen aufspüren. Es besteht nur eine sehr geringe Wahrscheinlichkeit, dass wir solche Pflanzen auf dem Mars oder irgendwo in unserem Sonnensystem finden. Es ist weitaus wahrscheinlicher, dass der Mars ein toter Planet ist oder dass sich Leben nur tief in der Marskruste finden lässt. In diesem Fall könnten warmblütige Pflanzen auf andere Weise bedeutsam werden, nämlich nicht als Objekt wissenschaftlichen Suchens, sondern als Hilfsmittel für eine menschliche Besiedlung anderer Himmelskörper. Damit lasse ich die wissenschaftlichen Probleme hinter mir und wende mich der Raumfahrt und den Fragen einer menschlichen Besiedlung des Sonnensystems zu. Die Ausdehnung unseres Lebensraums auf das Sonnensystem ist primär kein wissenschaftliches Unternehmen. Dahinter stehen Zielsetzungen, die weit über die Naturwissenschaften hinausgehen.

* * *

Das Space-Shuttle-Programm geriet schon vor der Challenger-Katastrophe in große Schwierigkeiten, weil es kein klares Ziel verfolgte. Einerseits wollte man ein praktisches Trägersystem zur Durchführung wissenschaftlicher, kommerzieller und militärischer Missionen schaffen und anderseits den Weg für bemannte Vorstöße ins All eröffnen. Wie wir bei der Besichtigung des Shuttle in Houston gesehen haben, waren diese beiden Ziele zu keiner Zeit miteinander vereinbar. Das Shuttle war das Ergebnis eines politischen Kompromisses zwischen zwei Gruppen; die eine wünschte ein Transportmittel, mit dem sich Fracht zuverlässig ins All befördern ließ; die andere wollte die Tradtion der bemannten Mondflüge des Apollo-Programms lebendig erhalten. Kein Fahrzeug konnte beide Aufgaben gleichzeitig erfüllen. Das Shuttle versuchte beide Aufgaben zu erfüllen, war aber zu teuer für die erste und in seiner Leistung allzu begrenzt für die zweite Aufgabe. Den Konstrukteuren der Raumfähre sollte man daraus keinen Vorwurf machen. Die widersprüchlichen Zielvorgaben gehen auf das Konto politischer Entscheidungsträger. Sie waren die Folge eines weit tiefer reichenden Zielkonflikts innerhalb des gesamten amerikanischen Raumfahrtprogramms.

Seit seinen Anfängen in den 50er Jahren verfolgte das amerikanische Raumfahrtprogramm zwei unterschiedliche Ziele: die praktische Beherrschung des Weltraums für militärische und wissenschaftliche Zwecke und die idealistische Vision einer Eroberung des Alls durch den Menschen. Auch die Sowjetunion proklamierte und verfolgte diese Ziele. Die Rivalität mit der Sowjetunion drängte die Vereinigten Staaten fünfzehn Jahre lang, beide Ziele intensiv zu verfolgen. Dem ersten Ziel diente eine Vielzahl unbemannter Missionen in den 60er Jahren, die von der Entwicklung der Atlas-Raketen über die Corona-Spionagesatelliten bis hin zum Mariner-Programm der Erkundung anderer Planeten reichte. Das zweite Ziel verkörperten die Mondlandungen des Apollo-Programms, die der Welt im Fernsehen lautstark wie ein internationales Sportereignis präsentiert wurden. Nach den Triumphen des Apollo-Programms verlor der Wettlauf mit der Sowjetunion an Bedeutung. Es wurde deutlich, dass die Vereinigten Staaten nicht länger bereit waren, zwei Großprojekte zu finanzieren, in denen die beiden Ziele getrennt verfolgt wurden. Wollte man an beiden Zielen festhalten, musste man sie in einem einzigen Programm zusammenfassen. Man beschloss, das Apollo-Programm aufzugeben, aber dessen Ziele in ein Kompromissprogramm einzubringen, das auch die praktischen Zielsetzungen des Frachttransports weiter verfolgen sollte. Dieses Kompromissprogramm war das Space Shuttle, das damit von Anfang an unter den unvereinbaren Zielsetzungen litt, die es vom Atlas- und vom Apollo-Programm geerbt hatte.

Der Zielkonflikt, unter dem das amerikanische

Raumfahrtprogramm seither leidet, ist letztlich ein Konflikt zwischen unterschiedlichen Zeithorizonten. Die praktischen Ziele eines Transportsystems für wissenschaftliche und militärische Zwecke ließen sich innerhalb eines Jahrzehnts verwirklichen, und tatsächlich benötigte man zehn Jahre, um die Basistechnologie für unbemannte Missionen zu entwickeln. Das Ziel dagegen, den Menschen selbst die Möglichkeit zu geben, ins All vorzudringen, um ihren Forscherdrang und ihre Abenteuerlust zu befriedigen, hat einen Zeithorizont von einem Jahrhundert. Wahrscheinlich werden wir hundert Jahre brauchen, um Technologien zu entwickeln, die einer größeren Zahl von Menschen die Möglichkeit eröffnen, ins All vorzustoßen, und das bei einer Kostenbelastung, die erdgebundene Steuerzahler zu tragen bereit sind. Das Apollo-Programm war ein falscher Anfang, weil es auf ein Jahrzehnt ausgelegt war. Es war viel zu teuer, als dass man es hätte fortführen können, und nach zehn Jahren beendet man das Programm ohne jede Zukunftsperspektive.

Hätte man von Anfang an deutlich gemacht, dass die bemannte Raumfahrt ein auf hundert Jahre angelegtes Programm mit einem stabilen und bezahlbaren Budget sein musste, wäre der Zielkonflikt vermieden worden. Wir hätten vielleicht ein leichtes Raumschiff für zwei Personen entwickelt, das genügend Treibstoff mitnehmen kann, um den Raum in großer Entfernung von der Erde zu erkunden, und nicht eine Raumfähre gebaut, die nur eine niedrige Umlaufbahn erreichen kann. Möglicherweise lebten heute einige Forscher auf dem Mond und erkundeten, wie man dort unter Nutzung der vorhanden Ressourcen eine ständige Mondstation betreiben könnte.

Gegenwärtig stehen wir am Beginn einer Revolution der Raumfahrttechnologie, die erstmals kostengünstige Lösungen zur Grundvoraussetzung macht. Missionen, die nicht billig sind, werden nicht stattfinden. Kurzfristig ist das eine schlechte Nachricht für die Anhänger der Raumfahrt, langfristig jedoch eine gute. Die gute Nachricht lautet, dass kostengünstige Lösungen nun eine Chance haben. In den 80er Jahren schickte man in großen Abständen einige wenige Sonden zu den Planeten, weil diese Missionen außerordentlich teuer wurden. Der Hauptgrund für die Kostensteigerung war ein Ungleichgewicht in der Finanzierung wissenschaftlicher Aktivitäten im Weltraum und auf der Erde. Dreißig Jahre lang war es politisch sehr viel leichter, zehn Dollar für eine wissenschaftliche Weltraummission zu bekommen als einen Dollar für ein astronomisches Projekt auf der Erde. Unter diesen Umständen versank die erdgebundene Astronomie in Armut, während die Raumfahrt extravagant wurde.

Der unfaire Wettbewerb schadete beiden Seiten, der darbenden erdgebunden Astronomie und der verschwenderischen Raumfahrt. Doch der Schaden für die Raumfahrt war größer. Während die Astronomie trotz der Geldnot blühte, kamen die Forschungsmissionen zu den Planeten trotz der hohen Budgets fast zum Stillstand. Inzwischen haben sich die Regeln in Richtung eines fairen Wettbewerbs zwischen erdgebundener Astronomie und Raumfahrt verändert. In den letzten Jahren sind die Planetenmissionen kleiner und billiger geworden. In Zukunft sollten alle Missionen ins All billig sein. Wenn die Barriere der hohen Kosten erst einmal überwunden ist, wird die Zahl der Missionen wieder zunehmen und die Entdeckungen werden schneller aufeinander folgen.

In den zwanzig Jahren seit dem Beginn des Shuttle-Programms haben wir spektakuläre Fortschritte auf dem Gebiet der Datenverarbeitung, der Teledetektoren und der autonomen Navigation gemacht. Angesichts dieser neuen Technologien ist heute nahezu allen Bedürfnissen wissenschaftlicher, kommerzieller oder militärischer Raumfahrtprojekte besser mit unbemannten Missionen als mit dem Shuttle gedient. In Zukunft wird man die beiden Ziele des Raumfahrtprogramms getrennt verfolgen. Das praktischen Zwecken dienende Programm einer unbemannten Raumfahrt ist in seinen Umrissen bereits erkennbar; es entwickelt sich schrittweise aus dem laufenden Programm heraus. Neue Technologien und die zunehmende Autonomie der Raumfahrzeuge werden die Kosten weiter senken. Das idealistischen Zielen dienende bemannte Programm ist dagegen nicht einmal in Ansätzen erkennbar. Das Shuttle eignet sich nicht für menschliche Vorstöße ins All. Es gleicht eher einem Reisebus als einem Geländewagen. Ein weiterer finanzieller Kraftakt wie das Apollo-Programm könnte nur in eine Sackgasse führen. Selbst wenn solch ein Kraftakt politisch durchsetzbar wäre, ließe er sich nicht durchhalten. Hat die bemannte Raumfahrt eine Zukunft? Welche Voraussetzungen müsste ein Programm erfüllen, das den langfristigen Zielen einer Eroberung und Besiedlung des Alls durch den Menschen dient und das der Steuerzahler auch zu finanzieren bereit wäre? Auf diese Fragen müssen die Anhänger der bemannten Raumfahrt eine Antwort zu finden versuchen.

Ein wichtiger Schritt zur Senkung der Kosten unbemannter und bemannter Raumfahrtmissionen wäre eine Reduzierung der zahllosen Techniker im Kontrollzentrum, die für die ständige Überwachung der Raumfahrzeuge sorgen. Das Raumfahrzeug und die Bordinstrumente müssen vollständig autonom werden. Die neue Generation unbemannter Missionen hat bereits ein gewisses Maß an Autonomie erreicht, so dass heute eine kleinere Zahl von Technikern in der Bodenstation sich um eine größere Zahl von Missionen kümmern kann.

Der zweite Schritt zu niedrigeren Kosten ist schwieriger. Dazu müssen wir neue Wege finden, um Nutzlast von der Erde ins All zu befördern. Zur Verbilligung der Trägersysteme bedarf es radikaler Veränderungen. Drei neue, von den heute verfügbaren Systemen grundlegend unterschiedene Abschusssysteme sind Laserantrieb, Gaskanonen und Slingatrons. Wenn wir eines dieser Systeme praktisch realisieren können, lassen sich die Kosten für den Transport von Nutzlasten ins All beträchtlich verringern.

* * *

Der Laserantrieb wurde von Arthur Kantrowitz erfunden und propagiert, einem Experten auf dem Gebiet der Hochtemperatur-Gasdynamik. Vor dreißig Jahren arbeitete er am AVCO-Laboratorium in Everett, Massachusetts, und leitete ein Projekt zur praktischen Anwendung von Lasern und Stoßwellen. Damals begann er mit Experimenten zum Laserantrieb.

Er beschoss Objekte aus verschiedenen Materialien mit Laserimpulsen, die eine dünne Schicht von der Oberfläche des Objekts abdampften; dabei maß er den Rückstoß, der dem Objekt mitgeteilt wurde. Er fand heraus, dass sich ein Doppelpuls am besten zur Impulsübertragung eignet. Durch einen ersten kurzen Laserimpuls verdampft man eine dünne Schicht des beschossenen Materials. Man wartet ein paar Mikrosekunden, bis der Dampf sich ausgedehnt und ein wenig von der Oberfläche entfernt hat, dann erhitzt man ihn mit einem längeren Laserimpuls sehr hoher Energie, der eine Stoßwelle durch die Dampfwolke laufen lässt und dadurch Druck auf die Oberfläche des Objekts ausübt. Der Trick besteht darin, möglichst viel Druck auf die Oberfläche auszuüben, ohne sie allzu sehr zu erhitzen. Nach dem Doppelpuls wartet man etwa eine Millisekunde, bis der Dampf sich zerstreut hat. Dann wiederholt man den ganzen Vorgang. Für einen funktionsfähigen Laserantrieb benötigt man einen Laser mit sehr hoher Leistung, der etwa tausendmal pro Sekunde solch einen Doppelpuls abgeben kann. Der Boden des Raumfahrzeugs muss aus einer porösen Platte bestehen, durch deren Poren ein flüssiges Treibmittel wie Wasser gedrückt wird; das Wasser bildet zwischen je zwei Doppelpulsen einen dünnen Film auf der Oberfläche der Platte; es wird von den Laserpulsen verdampft und schützt zugleich die Platte vor übermäßiger Erhitzung. Die poröse Platte mit dem Treibmitteltank darüber bildet ein Antriebssystem.

Viele Jahre versuchte Arthur Kantrowitz zu beweisen, dass solch ein System genügend Schub entwickelt, um sich gegen die Schwerkraft vom Erdboden zu erheben. Aber es gelang ihm nie. Bei den Lasern, die ihm zur Verfügung standen, waren seine Modelle nicht stark genug, um ihr eigenes Gewicht in die Höhe zu heben.

Es gab mehrere Gründe, weshalb Kantrowitz nie ein funktionsfähiges Modell zustande brachte. Erstens hatte er nicht die richtigen Laser. Das AVCO-Laboratorium war auf Gaslaser spezialisiert, die Kantrowitz selbst erfunden hatte. Seine Kohlendioxidlaser erzeugen einen Laserstrahl hoher Intensität im Infrarotbereich. Sie eignen sich bestens für die Erzeugung eines kontinuierlichen Laserstrahls sehr hoher Leistung. Für kurze Impulse sind sie dagegen weniger gut geeignet. Die Impulslaser, die Kantrowitz einsetzen konnte, waren zu schwach für seine Zwecke. Der zweite Grund, weshalb die Entwicklung von Laserantrieben zwanzig Jahre lang stagnierte, war die unregelmäßige finanzielle Förderung. Ich war eine Zeit lang Mitglied eines Ausschusses, der die ARPA (die Advanced Research Projects Agency des amerikanischen Verteidigungsministeriums) in Fragen der Förderung von Laserantriebsprojekten beriet. Die ARPA wurde vom Verteidigungsministerium gedrängt, die Realisierbarkeit von Laserantrieben entweder sehr schnell zu beweisen oder die zugehörigen Programme einzustellen.

Die ARPA bewilligte ihre Gelder gewöhnlich für einen Zeitraum von sechs Monaten oder einem Jahr. Die Empfänger der Fördermittel mussten innerhalb dieser kurzen Zeit einen »prinzipiellen Beweis« für die Brauchbarkeit ihres Ansatzes erbringen. Darum war nie genug Zeit, Experimente sorgfältig vorzubereiten. Man musste sich Laser von anderen Projekten ausleihen, ohne Rücksicht darauf, ob sie für das betreffende Experiment überhaupt geeignet waren. In der Regel war das Geld aufgebraucht, bevor ein aussagekräftiges Experiment durchgeführt werden konnte, und die Förderung wurde eingestellt. Nach zwanzig Jahren einer derart sprunghaften Förderpolitik lag kein einziger »prinzipieller Beweis« für die Realisierbarkeit eines Laserantriebs vor. Der eigentliche Grund für den Misserfolg des Programms lag darin, dass das Verteidigungsministerium keine Verwendung für einen Laserantrieb hatte. Es handelte sich letztlich um ein ziviles Projekt. Aber die NASA, die das Programm kontinuierlich im Sinne einer langfristigen Investition hätte fördern können, war an Laserantrieben nicht interessiert.

Den ersten erfolgreichen Flug absolvierte ein lasergetriebenes Fluggerät 1997. Auf der Thirteenth Space

Manufacturing Conference in Princeton führte Professor Leik Myrabo eine Filmaufzeichnung dieses Fluges vor. Die Space Manufacturing Conference wird alle zwei Jahre vom Space Studies Institute ausgerichtet, einer privaten Forschungseinrichtung, die der inzwischen verstorbene Gerard O'Neill zur Förderung der kommerziellen Raumfahrt gegründet hat. Leik Myrabo ist Professor für Elektrotechnik am Rensselaer Polytechnic Institute. Als Kantrowitz in den Ruhestand ging, setzte Myrabo die Entwicklung des Laserantriebs fort, und schließlich gelang es ihm, ein funktionsfähiges Modell zu bauen. Wir sahen den »prinzipiellen Beweis« für die Realisierbarkeit des Antriebs in dem Film, den er in Princeton vorführte, Bilder und Ton eines Hochleistungsimpulslasers, der zehnmal pro Sekunde feuerte. Der Laser klang wie ein Maschinengewehr. Das grazile Fluggerät aus Leichtmetall ähnelt in seiner Form einem mechanischen Fisch mit stumpfer Nase, einem reflektierenden Ring um die Hüfte und einem spitzen Schwanz. Myrabo hat ihm den Namen Lightcraft Technology Demonstrator gegeben. Es misst 15 Zentimeter im Durchmesser und wiegt 50 Gramm. Es erhob sich über dem Strahl eines Zehn-Kilometer-Lasers, den die U.S. Air Force in White Sands, New Mexico, zur Verfügung gestellt hatte. Die einzelnen Impulse wurden auf die Bodenplatte des Fluggeräts fokussiert und erzeugten in der Luft darunter eine Hochtemperaturstoßwelle. In der Atmosphäre dient die Luft als Treibmittel, so dass kein flüssiges Treibmittel an Bord des Fluggeräts mitgeführt werden muss. Die rasch aufeinander folgenden Stoßwellen hoben das Fluggerät mit einer Beschleunigung von 2 g in die Höhe. Die Stoßwellen erzeugen helle Lichtblitze und Lärm, fügen dem Gefährt jedoch keinen Schaden zu. Der Lightcraft Technology Demonstrator erhob sich knapp einen Meter in die Luft, nicht ganz so hoch wie die Kitty Hawk der Gebrüder Wright 1903 bei ihrem ersten Flug in North Carolina. [Im Oktober 1998 zeigte Leik Myrabo in Princeton einen Film, der weitere Flüge seines Gefährts dokumentierte. Wir sahen mehrmals, wie es eine Höhe von über zwanzig Metern erreichte. Für noch größere Höhen wäre ein besserer Laser erforderlich.]

Das Zeitalter des billigen Massenflugverkehrs begann fünfzig Jahre nach dem Flug der Kitty Hawk. Wenn wir Glück haben, könnte das Zeitalter billiger Raumfahrt fünfzig Jahre nach dem Flug des Lightcraft Technology Demonstrator beginnen.

Von der bescheidenen Wirklichkeit möchte ich mich nun einigen großartigen Träumen zuwenden. Zum Beispiel dem Traum einer zukünftigen Laserstartrampe für Raumfahrzeuge. Man stelle sich einen riesigen Laser auf dem Gipfel eines Berges vor; der

Laserstrahl ist in den Himmel gerichtet. Man stelle sich ein Raumfahrzeug vor, das aus einem flachen Wassertank im unteren Bereich und einem Abteil für Fracht und Passagiere im oberen Teil besteht. Das Raumschiff steht auf der Ladefläche eines Lastwagens. Der Lastwagen fährt auf den Berg hinauf; das Raumschiff wird mit einem Kran von der Ladefläche gehievt und über dem Laser aufgehängt. Im Raumschiff befinden sich einige Passagiere oder eine empfindliche Ladung, die keine stärkere Beschleunigung verträgt. Aus dem Tank wird Wasser durch die Poren der Bodenplatte gedrückt, und der Laser wird eingeschaltet. Im gleißenden Licht des vom Laser erhitzten Wasserplasmas und mit ohrenbetäubendem Lärm in der Tonlage des hohen C, den die im Abstand von tausendstel Sekunden aufeinander folgenden Dampfexplosionen hervorrufen, beginnt der Laserantrieb das Raumschiff in die Höhe zu heben. Mit einer Beschleunigung von 3 g reitet es auf dem Laserstrahl, nach sechs Minuten und einer Strecke von etwa anderthalbtausend Kilometern hat es die Fluchtgeschwindigkeit erreicht. Das Startgewicht des Raumschiffs beträgt zwei Tonnen; davon entfällt eine Tonne auf das Wasser in dem leichten, mit einem Stahlboden versehenen Plastiktank, und eine Tonne auf das übrige Gefährt samt Nutzlast. Die Leistung des Lasers beträgt 1000 Megawatt, die mit einem

Wirkungsgrad von 15 Prozent in Bewegung umgesetzt werden.

Nach sechs Minuten Flug befindet das Raumschiff sich in einem Fluchtorbit, und der Laser ist bereit für den nächsten Start. Wenn die Startrampe eine zeitliche Auslastung von 60 Prozent erreicht, kann sie im Jahr eine halbe Million Raumschiffe ins All befördern. Die Startrampe wird wie eine mautpflichtige Straße betrieben, die jeder benutzen darf, der mit einem Raumschiff dort ankommt und die Maut bezahlen kann. Die Mautgebühr deckt die Kapital- und Betriebskosten der Startrampe ab. Die Kunden bringen ihr Raumschiff selbst mit und fliegen auf eigenes Risiko.

Der hier beschriebene Laserantrieb mit einer Nutzlast von einer Tonne und geringer Beschleunigung ist für den Transport von Passagieren gedacht. Es wäre klug, mit einem bescheideneren System zu beginnen, das nur Fracht transportiert, und dies nicht mit 3, sondern mit 30 g Beschleunigung. Die Leistung des Lasers verringert sich von 1000 auf 100 Megawatt, die Nutzlast von einer Tonne auf zehn Kilogramm, die Beschleunigungsphase von sechs Minuten auf 36 Sekunden; der Energieaufwand pro Kilogramm bleibt unverändert, und die Kapitalkosten verringern sich auf ein Zehntel. Wenn sich zeigt, dass solch ein Minisystem erfolgreich funktioniert und rentabel betrieben werden kann, lassen sich die Kosten und Risiken eines großen Systems für den Transport von Passagieren besser abschätzen.

Der Schlüssel zu einem kostengünstigen Raumtransport ist eine hohe Auslastung. Die Energiekosten für einen Start mit dem Laserantrieb liegen bei zehn Dollar pro Kilogramm Nutzlast. Wenn die Laserstartrampe eine halbe Million Tonnen pro Jahr ins All befördert und zwanzig Dollar pro Kilogramm verlangt, kommen im Jahr zehn Milliarden Dollar herein, genug um neben den Energiekosten auch die Kapital- und die sonstigen Betriebskosten abzudecken. Beschränkte sich die Auslastung der Anlage auf wenige Starts pro Tag, müssten die Startgebühren auf mehrere tausend Dollar pro Kilogramm angehoben werden, und das Projekt würde in einer ökonomischen Katastrophe enden wie das Space Shuttle, ein Prestigeprojekt, das viel zu teuer ist, um als kommerzielles Verkehrsmittel genutzt zu werden. Der größte Fehler wäre es, eine Laserstartrampe zu bauen, bevor überhaupt eine Nachfrage existierte, von der sie eine Zeitlang leben könnte.

Der Traum einer Laserstartrampe für Raumschiffe wird erst dann Wirklichkeit werden können, wenn ein leistungsstarker Laserantrieb entwickelt und gebaut worden ist. Von dem 50 Gramm schweren Lightcraft Technology Demonstrator zu einem leistungsfähigen Antrieb, der mehrere Tonnen zu bewegen vermag, ist es noch ein weiter Weg. Die Entwicklung neuer Antriebstechniken ist stets ein schwerer Kampf, der viel Geld und menschliches Talent erfordert. Diese Aufgabe können Myrabo und seine Studenten nicht allein bewältigen. Vielleicht wird eines Tages ein großer Flugzeughersteller sich dieser Aufgabe annehmen, ohne oder mit nur geringer Unterstützung durch die NASA.

* * *

Ein ganz anderes, ebenfalls radikal neuartiges Antriebssystem, das möglicherweise noch geringere Kosten verursacht als der Laserantrieb, ist das Gaskatapult, das Abraham Hertzberg von der University of Washington in Seattle erfunden hat. Im wesentlichen handelt es sich dabei um eine sehr leistungsfähige Gaskanone, die ein Projektil im Innern eines Stahlrohrs beschleunigt.

Das Rohr ist mit einem brennbaren Gasgemisch gefüllt. Das Projektil wird durch den kontinuierlichen Druck des hinter ihm entzündeten Gases durch das Rohr getrieben. Das Rohr hat einen etwas größeren Innendurchmesser als das Projektil, so dass zwischen dem Geschoss und der Rohrwand ein gasgefüllter Zwischenraum bleibt. Das Gas bewegt sich nicht durch das Rohr, sondern bleibt im wesentlichen an seinem Ort, während das Projektil hindurchschießt. An der Vorderseite ist das Projektil sehr spitz, damit das Gas sich dort nicht durch den Bugstoß entzündet. Der reflektierte Stoß am Heck ist sehr viel stärker und entzündet das Gas. Vor vielen Jahren habe ich im Keller des Engineering Department der University of Washington ein funktionsfähiges Modell des Gaskatapults gesehen. Gebaut hatten es zwei Studenten unter Anleitung von Abraham Hertzberg. Das Rohr besaß einen Durchmesser von zehn Zentimetern und war neun Meter lang. Bei dem Gas handelte es sich um ein Methan-Luft-Gemisch, das unter einem Druck von 25 Atmosphären stand. Als Projektil diente ein spitz zulaufender Aluminiumzylinder mit kurzen Seitenflossen, die den Zylinder in der Mitte des Rohrs halten sollten. Das Gas hinter dem Projektil wurde zunächst mit einem elektrischen Funken entzündet. Im weiteren Verlauf brannte das Gas gleichmäßig ab und beschleunigte das Projektil mit einer kontinuierlichen Beschleunigung von 30 000 g. An der Mündung verließ es das Rohr mit einer Geschwindigkeit von etwa 2,5 km/sec; danach bremste man es in einem mit alten Teppichen gefüllten Behälter ab. Als ich mir das Modell anschaute und im Betrieb vorführen ließ, hatte es bereits 500 Abschüsse hinter sich, und dennoch wies die Innenseite des Rohrs keinen einzigen Kratzer auf. Das Projektil richtet sich von selbst zentrisch aus, wenn es durch das Rohr schießt. Eine Beschleunigung von 30 000 g wäre für menschliche Passagiere nicht sonderlich gesund, aber grobe Fracht könnte sie vertragen und auch elektronisches Gerät, wenn man es sorgfältig verpackt.

Hertzberg schlägt vor, nach seinem Modell eine große Startrampe für Raumfahrzeuge zu bauen. Die Rampe müsste an einem Berghang gebaut werden und ins All gerichtet sein. Um die Erde zu verlassen, müsste das Raumschiff auf etwa 12,5 km/sec beschleunigt werden, das Fünffache der Mündungsgeschwindigkeit seines Modells. Um bei gleicher Beschleunigung eine Mündungsgeschwindigkeit von 12,5 km/sec zu erreichen, müsste das Rohr statt neun Meter eine Länge von 230 Metern haben.

Genau besehen, sind 230 Meter nicht viel. Die Startbahnen unserer Flughäfen sind sehr viel länger. Das Projektil wäre lang und schlank, so dass die Reibungsverluste beim Flug durch die Atmosphäre gering gehalten werden könnten. Das Hauptproblem bei einer Verlängerung des Abschussrohrs in den Überschallbereich hinein liegt in dem Umstand, dass das Gasgemisch im Rohr sich mit wachsender Geschwindigkeit des Projektils verändern muss, und zwar so, dass die Schallgeschwindigkeit in dem betreffenden Gasgemisch sich mit zunehmender Geschwindigkeit des Projektils erhöht. Es bedarf eines Übergangs von einem Methan-Luft- zu einem Wasserstoff-Sauerstoff-Gemisch. Herzberg denkt an fünf Stufen, die unter demselben Druck stehen und durch dünne Membranen voneinander getrennt sind. Auf seinem Weg durch das Rohr durchstößt das Projektil diese Membranen, ohne von ihnen behindert zu werden. Das Strömungsverhalten des Gases verändert sich von Stufe zu Stufe, aber die Beschleunigung bleibt etwa dieselbe.

Das Gaskatapult ist eine Lowtech-Lösung, die im Prinzip sehr viel billiger ist als das Hightech-System des Laserantriebs. Die Energiekosten sind beim Katapult niedriger als beim Laserantrieb, die Kapitalkosten wahrscheinlich sogar sehr viel niedriger. Aber die geringeren Kosten werden durch erhebliche Nachteile erkauft. Das Gaskatapult kann nur eine sehr robuste Ladung transportieren, die außerdem in einem langen, schmalen Behälter untergebracht werden kann. Das Lasersystem vermag sich jeder Ladung anzupassen, sofern sie nicht das Maximalgewicht überschreitet. Langfristig sind wahrscheinlich beide Systeme rentabel, das Gaskatapult für Massengut, der Laserantrieb für jede Fracht.

Die dritte Möglichkeit für ein billiges Trägersystem ist das Slingatron, das kürzlich Derek Tidman bei einer Firma namens Datassociates erfunden hat. Tidmann hat zur Demonstration ein Tischmodell gebaut, das sein Konzept verständlich macht. Das Modell besteht aus einem einzölligen Stahlrohr, das zu einem Ring zusammengebogen ist; der Ring steht auf sechs Füßen, die jeweils am Außenrand eines kleinen horizontalen Rades befestigt sind; die Räder werden von Elektromotoren angetrieben. In dem Rohr befindet sich eine kleine Stahlkugel, die frei durch das Rohr rollen kann. Der Durchmesser des Rings beträgt 90 Zentimeter und passt damit gut auf einen Tisch. Die Elektromotoren sorgen dafür, dass die sechs Füße des Rings sich gemeinsam auf kleinen horizontalen Kreisen bewegen. Dadurch wird der Ring in eine kreisförmige Bewegung versetzt, wobei seine Größe und Ausrichtung unverändert bleibt. Die Position der Kugel in dem Stahlrohr wird mit magnetischen Metalldetektoren überwacht, und die Antriebsmotoren sind so programmiert, dass die Bewegung der Fußpunkte auf ihren Kleinkreisen der Bewegung der Kugel stets einen Viertelkreis voraus ist. Die Bewegung des Rings und die Bewegung der Kugel werden gleichzeitig schneller. An der Stelle, an der die Kugel das Rohr berührt, bewegt sich der Ring stets nach innen in Richtung des Zentrums. Dadurch pumpt der Ring ständig Energie in die Kugel; die Kugel wird kontinuierlich beschleunigt und erreicht schon nach wenigen Sekunden eine Geschwindigkeit von 900 m/sec. Die Energie des Rings bleibt stets gering gegenüber der Energie der Kugel. Für die Funktionsfähigkeit des Systems ist es wesentlich, dass die Reibung zwischen Kugel und Ring klein ist. Die Reibungsverluste müssen kleiner sein als die beschleunigende Kraft, die der Ring auf die Kugel ausübt. Diese Bedingung lässt sich bei einem Tischmodell mit einem kleinen Ring und einer darin rollenden Kugel leicht realisieren.

Tidmans Tisch-Slingatron ist ein wunderschönes Spielzeug für Kinder und Erwachsene. Von dort zu einem echten Trägersystem für Weltraumstarts ist jedoch noch ein großer Sprung. Ein Slingatron, das Lasten in den Weltraum befördern soll, müsste Energie in ein Raumfahrzeug pumpen, das so lange innerhalb eines ringförmigen Rohres kreist, bis es eine Geschwindigkeit von 12 oder 13 km/sec erreicht hätte. Dabei müsste in dem Rohr ein recht gutes Vakuum herrschen. Der Ring müsste einen Durchmesser von mehreren hundert bis zu mehreren tausend Metern haben, damit die Zentrifugalkraft zwischen dem Ring und dem Raumfahrzeug in erträglichen Grenzen bleiben. Die größten Aussichten dürfte hier ein spiralförmiges Rohr bieten, in dem das Raumfahrzeug sich von innen nach außen bewegt, während es beschleunigt wird.

Die Reibungsverluste müssen sogar noch kleiner sein als bei dem Tischmodell. Das Erfordernis einer nahezu gegen null gehenden Reibung ist das Hauptproblem des Slingatrons. Die zu beschleunigende Last muss mit weniger Reibung durch das Rohr gleiten als ein Eisläufer übers Eis. Tidman hat mehrere Lösungen für dieses Problem ausgearbeitet. Eine dieser Lösungen ist eine Gaslagerung, die verhindert, dass die Last überhaupt mit der Rohrwand in Berührung kommt. Dabei wird unter hohem Druck Gas in den Zwischenraum zwischen Rohrwand und Last gepresst, das wie ein Schmierfilm wirkt. Bei hoher Geschwindigkeit ist es jedoch schwierig, den gasförmigen Schmierfilm aufrecht zu erhalten. Wenn das Slingatron als Abschussvorrichtung für Raumfahrzeuge benutzt werden soll, muss ein sanfter Übergang zwischen dem Beschleunigungsring und einer auf den Weltraum gerichteten Abschussrampe geschaffen werden; außerdem benötigt man eine Luftschleuse für den Übergang aus dem Vakuum in die Atmosphäre. Das Raumfahrzeug muss eine aerodynamische Form haben, damit beim Flug durch die Atmosphäre möglichst wenig Energie durch Reibung verloren geht. Jedenfalls sind noch viele schwierige Probleme zu lösen.

Das Slingatron-Fahrzeug muss eine Spitzenbeschleunigung von etwa 1000 g aushalten, weit mehr als beim Laserantrieb, aber weniger als bei einem Gaskatapult. Über die Kosten eines funktionsfähigen Slingatrons lassen sich erst dann realistische Aussagen machen, wenn ein detaillierter Entwurf für solch eine Anlage vorliegt. Es ist vorstellbar, dass Slingatrons in ökonomischer Hinsicht eine Nische zwischen dem sanften, aber teuren Laserantrieb und dem brutalen, aber billigen Gaskatapult besetzen könnten.

Die drei beschriebenen Weltraumtransportsysteme haben eine Eigenschaft gemeinsam, die von großer ökonomischer Bedeutung sein wird, falls eines von ihnen jemals realisiert werden sollte. Sie alle bringen Lasten mit ebenso geringen Kosten auf Fluchtgeschwindigkeit oder in hohe Umlaufbahnen wie auf niedrige Umlaufbahnen. In dieser Hinsicht unterscheiden sie sich grundlegend von Raketen mit chemischen Treibstoffen. Will man eine Last mit solchen Raketen auf Fluchtgeschwindigkeit oder in eine hohe Umlaufbahn bringen, so kostet das zehnmal so viel wie der Transport in eine niedrige Umlaufbahn. Wenn die Raumfahrt jemals größere Ausmaße erreichen soll, werden wir auch Lagerhäuser und Tankstellen und Fabriken im Weltraum einrichten müssen. Die niedrigen Umlaufbahnen werden auch weiterhin am besten für die Beobachtung der Erde und für Kommunikationssatelliten geeignet sein. Als

Ausgangspunkt für Vorstöße ins übrige Sonnensystem eignen sich die hohen Umlaufbahnen sehr viel besser. Auch astronomische Instrumente stationiert man am besten auf hohen Umlaufbahnen, weil dort der Blick auf den Himmel weniger von der Erde verstellt wird. Die Nachfolger des Hubble-Teleskops werden weit draußen im Weltall und vielleicht sogar weit von der Sonne entfernt stationiert werden, weil der Himmel dort klarer ist und nicht von anderen Himmelskörpern verstellt wird.

Das Zeitalter billiger Raumfahrt wird mit unbemannten Missionen beginnen. Billige bemannte Missionen werden erst später folgen, wenn die unbemannte Raumfahrt die neuen Technologien des Raumtransports und der Steuerung erprobt haben. Für billige unbemannte Raumflüge bedarf es lediglich neuer technischer Lösungen. Für billige bemannte Missionen benötigen wie eine neue Biotechnologie. Das Hauptproblem bemannter Flüge ins Weltall liegt nicht in der Frage, wie man dorthin gelangt, sondern in der Frage, wie man überlebt, wenn man erst dort ist. Die Frage, wie Menschen fern von der Erde überleben und sich für längere Zeit einrichten können, ist eher ein Problem der Biologie als der Technik.

Es lässt sich leicht vorhersagen, dass billige Raumflüge, unbemannte wie bemannte, eines Tages möglich sein werden. Es gibt kein Gesetz der Physik oder

der Biologie, das uns hinderte, auf kostengünstige Weise ins All zu reisen und das gesamte Sonnensystem zu besiedeln. Aber es lässt sich unmöglich voraussagen, wie lange das dauern wird. Solche Voraussagen sind bekanntermaßen sehr täuschungsanfällig. Ich denke, die nächsten fünfzig Jahre werden das Zeitalter billiger unbemannter Raumflüge sein; das Zeitalter billiger bemannter Raumflüge wird erst danach beginnen. Wie lange diese Entwicklungen brauchen werden, hängt von unvorhersehbaren historischen und politischen Zufällen ab. Ich möchte meine Voraussage für den Beginn einer billigen bemannten Raumfahrt und einer Besiedlung des Weltalls auf einen geschichtlichen Vergleich stützen. Zwischen der ersten Reise des Kolumbus nach Amerika und der Besiedlung von Massachusetts durch die Pilgerväter lagen 128 Jahre. Daher schätze ich einmal, dass 2085, 128 Jahre nach dem Start des ersten Sputnik, die Emigration der Pilger von der Erde beginnen könnte.

* * *

Die wichtigste Lehre, die ich aus der Betrachtung der Raumfahrtgeschichte ziehe, besagt, dass wir unbedingt zwischen kurz- und langfristigen Zielen unterscheiden müssen. Der Traum, den Lebensraum des

Menschen über die Erde hinaus ins Weltall auszudehnen, kann als langfristiges Ziel durchaus sinnvoll sein, nicht jedoch als kurzfristiges. Die praktische Realisierbarkeit billiger bemannter Raumflüge und einer Besiedlung des Sonnensystems hängt von grundlegenden Fortschritten der Biologie ab. Jedes bezahlbare Programm einer bemannten Raumfahrt muss sich auf die Biologie konzentrieren und an Zeitspannen orientieren, die von der Biotechnologie vorgegeben werden. Eine Spanne von einhundert Jahren ist hier wahrscheinlich nicht unvernünftig. Das ist etwa die Zeit, die wir benötigen werden, um warmblütige Pflanzen zu entwickeln.

Wenn wir Ende des 21. Jahrhunderts darangehen, das Sonnensystem mit bemannten Raumflügen zu besiedeln, werden wir das Terrain bereits mit unbemannten Flügen sorgfältig erkundet haben. Die Menschen, die sich dann entschließen, auf den Mars oder den Jupitermond Europa zu gehen, werden wissen, warum sie das tun und was sie dort erwartet. Sie werden wissen, ob dort bereits Leben existiert. Und falls dort Leben existiert, werden sie wissen, wie sie es hegen und pflegen können, wenn sie sich dort ihren eigenen Lebensraum schaffen. Falls kein einheimisches Leben existiert, werden sie neue Lebensformen mitnehmen, um den Mangel der Natur auszugleichen. Zu ihrem wichtigsten Gepäck wird der

Samen gentechnisch erzeugter Pflanzen und Tiere gehören, die in der Lage sind, in einem fremdartigen Klima zu überleben. In einer Welt, die nur eine dünne Atmosphäre besitzt wie der Mars oder gar keine Atmosphäre wie Europa, werden am nützlichsten die Samen warmblütiger Pflanzen sein. Nach hundert Jahren unermüdlicher Weiterentwicklung der Gentechnik werden wir wissen, wie wir die DNA schreiben müssen, damit Pflanzen entstehen, die Gewächshäuser um sich herum produzieren. Pflanzen von der Größe unserer Bäume könnten Gewächshäuser schaffen, in denen auch die Menschen Platz finden. Wenn die menschlichen Siedler klug sind, werden sie in Häuser ziehen, die bei ihrer Ankunft bereits bezugsfertig sind, weil Pflanzen und Tiere, die bei früheren unbemannten Misionen dorthin geschafft worden sind, ihnen diese Häuser bereitstellen.

Natürlich können warmblütige Pflanzen nicht alle Probleme lösen. Sie sind eine notwendige, aber keine hinreichende Bedingung. Sie sind nur die ersten von Tausenden neuer Pflanzen- und Tierarten, die erforderlich sein werden, um überall dort, wo der Mensch sich niederlassen will, eine ihm zuträgliche Umwelt zu schaffen. Eine Biotechnologie, die warmblütige Pflanzen zu entwickeln vermag, wird auch in der Lage sein, andere ökologische Probleme zu lösen, auf dem Mars oder auf dem Jupitermond Europa und sogar zu Hause auf der Erde. Die entscheidende Voraussetzung für die menschliche Besiedlung anderer Himmelskörper wird ein tiefgreifendes Verständnis der dort anzutreffenden Ökologie sein, damit die Menschen Teil der Umwelt werden können, ohne sie zu zerstören. Das Biosphärenprojekt in Arizona, bei dem acht Menschen erfolglos versuchten, zwei Jahre lang in einer abgeschlossenen Umwelt zu leben, war kein Misserfolg, sondern eine wertvolle Lektion. Es lehrt uns, dass Menschen ohne hinreichendes Verständnis ihres Lebensraums ganz unerwartet ohne den zum Atmen nötigen Sauerstoff dastehen können.

Warum sollten Menschen den Wunsch haben, auf dem Mars oder auf Europa zu leben? Die einzige Antwort, die wir darauf geben können, ist die Antwort, die George Mallory auf die Frage gab, warum er den Mount Everest besteigen wollte: »Weil er da ist.« Es mag ökonomische, wissenschaftliche oder sentimentale Gründe geben, warum Menschen sich von fernen Orten angezogen fühlen. Die Menschen haben stets die unterschiedlichsten Gründe, um von einem Ort an einen anderen zu ziehen. Zu den wenigen Konstanten in der menschlichen Geschichte gehört die Tatsache, dass Menschen wandern und dabei aus Gründen, die sich nur schwer erkennen lassen, oft große Entfernungen zurücklegen. Sobald es für gewöhnliche Menschen erschwinglich sein wird, die

Erde zu verlassen, werden manche von ihnen auswandern. Wenn die Raumfahrt erschwinglich werden soll, benötigen wir eine fortgeschrittene Biotechnologie und fortgeschrittene Transportsysteme. Und wir benötigen eine große Zahl von Weltraumreisenden, damit die Kosten für die einzelne Fahrkarte sinken. Deshalb wird die bemannte Raumfahrt erst in fünfzig oder hundert Jahren erschwinglich sein.

Blicken wir mehr als hundert Jahre in die Zukunft, erweist sich als wichtigster Faktor in der Geographie des Sonnensystems die Tatsache, dass bewohnbare Flächen sich nahezu ausnahmslos auf kleinen Himmelskörpern wie Asteroiden und Kometen finden und nicht auf Planeten. Die Planeten besitzen zwar die größte Masse, aber nur sehr wenig Oberfläche. Die Asteroiden bestehen hauptsächlich aus Gesteinen und umkreisen die Sonne diesseits des Jupiter. Die Kometen bestehen größten Teils aus Eis und umkreisen die Sonne auf Bahnen, die jenseits der Neptunbahn liegen. Kometen durchschnittlicher Größe sind nur bei den seltenen Gelegenheiten von der Erde aus sichtbar, wenn sie aufgrund von Gravitationsstörungen in die Nähe der Sonne geraten; dann verdunstet ein Teil ihrer flüchtigen Hülle und bildet einen Schweif, der im Sonnenlicht leuchtet. Eine große Zahl von Kometen bleibt jedoch im so genannten Kuipergürtel jenseits der Neptunbahn. Erst in den letzten Jahren hat man einige der größten Objekte im Kuipergürtel beobachten können, zunächst mit Teleskopen in Hawaii und dann mit dem im Weltraum stationierten Hubble-Teleskop. Nach groben Schätzungen ist die gesamte Oberfläche der Billionen von Objekten im Kuipergürtel etwa tausendmal so groß wie die Erdoberfläche.

Aus drei Gründen sind die Kometen wichtiger für die Ökologie des Sonnensystems als die Asteroiden. Erstens ist die Zahl der Kometen sehr viel größer. Zweitens ist Eis eine bessere Lebensgrundlage als Gestein, und die Kometen enthalten nicht nur Eis, sondern auch die meisten anderen chemischen Elemente, die für die Biologie bedeutsam sind. Drittens haben die Kometen sehr viel kleinere Umlaufgeschwindigkeiten als die Asteroiden.

Der Kuipergürtel mag uns heute als ein kalter, ungastlicher Ort erscheinen, aber er ist für Lebewesen wahrscheinlich gastlicher als der Mars. Er hat den Vorzug, einen Archipel zu bilden, also eine Ansammlung kleiner bewohnbarer Inseln, die nicht allzu weit voneinander entfernt sind. Da die Relativgeschwindigkeiten gering sind, wird man leicht von einer Insel zur anderen reisen und mit anderen Kometen kommunizieren können. Wenn Sie im Kuipergürtel auf einem Kometen mit einer Masse von einer Milliarde Tonnen leben, wird im Durchschnitt einmal im

Monat ein Objekt ähnlicher Größe Ihren Kometen im Abstand von weniger als 1,5 Millionen Kilometern passieren. Objekte mit einer Masse von mehreren Millionen Tonnen werden jeden Tag in diese Reichweite gelangen. Da genügt dann ein kleines Raumschiff mit einem bescheidenen Antrieb, um innerhalb weniger Tage auf solch ein vorbeifliegendes Objekt überzusetzen und den Nachbarn einen Besuch abzustatten oder um Vorräte aufzufüllen. Wenn Ihnen die Landschaft zu langweilig wird oder wenn Sie Krach mit Ihrer Familie bekommen, können Sie für immer weggehen und Ihr Glück auf einem anderen Kometen versuchen, wie einst die Pilgerväter von Plymouth nach Boston und von Boston nach Providence oder weiter in den Westen zogen.

Wenn eine Gemeinschaft, die auf einem Objekt im Kuipergürtel lebt, zu groß wird, kann sie ihren Lebensraum erweitern, indem sie vorbeiziehende Objekte mit Tauen einfängt. Durch ein derartiges Zusammenwachsen mehrerer Himmelskörper könnten im 21. Jahrhundert große Metropolen entstehen, wie einst im 19. Jahrhundert Chicago oder San Francisco aus vielen kleineren Orten zusammenwuchsen. Solche eine Metropole im Kuipergürtel würde wahrscheinlich aus einer flachen, scheibenförmigen Anordnung vieler kometenartiger Objekte bestehen, die durch lange Taue miteinander verbunden wären und sich langsam um ein gemeinsames Zentrum drehten, damit die Taue straff bleiben. Um weitere Objekte geeigneter Größe einzufangen und verheerende Zusammenstöße zu verhindern, wird die »Küstenwache« solcher Metropolen sich auf ein interessantes Billardspiel mit Himmelskörpern einlassen; man wird die Umgebung nach herannahenden Objekten absuchen, sie bei Bedarf ins Schlepptau nehmen und mit Seilen an der Metropole befestigen.

Seit einiger Zeit wissen die Bewohner der Erde, dass unser Planet gelegentlich von Asteroiden oder Kometen getroffen wird, deren Einschlag verheerende Folgen haben kann. Der berühmteste Einschlag dieser Art ereignete sich vor 65 Millionen Jahren in Mexiko und bildete möglicherweise die Ursache für das Aussterben der Dinosaurier. Angesichts des Fortschritts der astronomischen Überwachungstechniken und der Antriebssysteme für Raumfahrzeuge wird es innerhalb der nächsten hundert Jahre wahrscheinlich möglich werden, der Gefahr eines solchen Einschlags aktiv zu begegnen. Die Raumfahrt und der Schutz der Erde könnten sich wechselseitig befruchten. Die Kosten solch eines Schutzes wären gering, wenn die Vorwarnzeit einhundert Jahre betrüge. Möchte man ein Himmelsobjekt, das sich auf einem Kollisionskurs mit der Erde befindet, von seinem Kurs abbringen, ist eine langfristige schwache Einwirkung sehr viel effektiver als der Einsatz von Wasserstoffbomben. Bei einer Vorwarnzeit von einhundert Jahren und einem Objekt mit der durchschnittlichen Kometenmasse von etwa einer Milliarde Tonnen genügt eine kontinuierliche Krafteinwirkung von zwei Kilowatt, eine Leistung, die sich in menschlichen und keineswegs in astronomischen Größenordnungen bewegt. Selbst in sonnenfernen Regionen wie dem Kuipergürtel lassen sich mit Sonnenkollektoren vertretbarer Größe zwei Kilowatt aus dem Sonnenlicht gewinnen. Wenn Menschen sich im Kuipergürtel niedergelassen haben, werden sie in der Lage sein, dem Planeten Erde ihre Dienste anzubieten, so dass man Objekte, die sich auf Kollisionskurs mit der Erde befinden, frühzeitig entdecken und mit geringem Aufwand von ihrem Kurs abbringen kann.

Es ist durchaus denkbar, dass in hundert Jahren der überwiegende Teil der Bewohner des Sonnensystems im Kuipergürtel leben wird. Da wir die Lebensbedingungen auf einem sonnennahen Planeten mit starker Anziehungskraft gewöhnt sind, können wir uns nur schwer vorstellen, fern der Sonne auf Himmelskörpern mit geringer Anziehungskraft zu leben. Wenn Menschen sich im Kuipergürtel niederlassen, werden sie zuallererst in der Umgebung ihres Himmelskörpers riesige Sonnenspiegel anbringen müssen. Eine Ansammlung von Spiegeln mit einem

Gesamtdurchmesser von 150 Kilometern könnte überall im Kuipergürtel bis hin zur vierfachen Entfernung zwischen Neptun und Sonne eine kontinuierliche Leistung von 1000 Megawatt liefern, genug Energie, um eine große Population von Pflanzen, Tieren und Menschen mit allen Annehmlichkeiten zu versorgen.

Die Spiegel bräuchten optisch nicht sehr hochwertig zu sein. Das Material, aus dem man sie herstellen könnte, ein paar tausend Tonnen Metall oder Kunststoff, findet sich wahrscheinlich auf jedem Objekt im Kuipergürtel. Nach einem Jahrhundert Fortschritt in der Biotechnologie werden wir diese Spiegel nicht einmal selbst produzieren müssen. Wir werden unseren Pflanzen beibringen, sie herzustellen. Das Leben im Kuipergürtel wird anders sein als auf der Erde, aber nicht notwendig weniger schön oder stärker beschränkt. In ein oder zwei Jahrhunderten wird es dort Metropolen und Kulturdenkmäler und all die bekannten Vor- und Nachteile hochtechnisierter Gesellschaften geben. Schon bald werden einige ruhelose Geister das Gefühl haben, der Kuipergürtel sei bereits zu dicht besiedelt, und sie werden nach neuen Ufern aufbrechen wollen. Und jenseits des Kuipergürtels befindet sich ein noch größerer Kometenschwarm, die Oortsche Wolke, in noch größerer Entfernung von der Sonne und gänzlich unberührt.

* * *

Die bedeutsamsten Überraschungen der nächsten fünfzig Jahre werden jedoch nicht von der Sonne und vom Himmel ausgehen, sondern vom Internet und vom Genom. Zwei solcher Überraschungen erlebten wir 1997, kurz nachdem ich die Vorträge gehalten hatte, aus denen dieses Buch hervorgegangen ist. Die erste Überraschung war die Nachricht, dass Ian Wilmut eine Zelle eines erwachsenen Schafs geklont hatte und daraus das Klonschaf Dolly entstanden war. Die zweite war die Niederlage des Schachweltmeisters Gary Kasparov in seinem Wettkampf mit dem von IBM entwickelten Schachprogramm Deep Blue. Beide Ereignisse waren ein Schock für die Öffentlichkeit. An sich eher unbedeutend, waren sie doch Vorboten zukünftiger Revolutionen. Der Sieg des Schachprogramms Deep Blue symbolisiert den unaufhaltsamen Fortschritt der künstlichen Intelligenz im 21. Jahrhundert, das Klonschaf Dolly den unaufhaltsamen Fortschritt der Gentechnik. Die künstliche Intelligenz und die gentechnische Manipulation der Erbanlagen stellen in der Tat langfristig eine Bedrohung für die Autonomie des menschlichen Geistes dar.

Das Klonschaf Dolly war nicht nur für die Öffentlichkeit, sondern auch für Fachleute auf dem Gebiet der Tiergenetik eine Überraschung. Die Fachleute bemühen sich seit vielen Jahren um ein genaueres Verständnis des Prozesses, der eine nichtspezialisierte Embryozelle in eine spezialisierte erwachsene Gewebezelle verwandelt. Die erwachsene Zelle enthält dieselben Gene wie die Embryozelle, aber in der erwachsenen Zelle sind die meisten Gene abgeschaltet, so dass sie nur noch die speziellen Aufgaben erfüllt, für die sie bestimmt ist. Um ein Schaf aus einer erwachsenen Zelle zu klonen, musste Wilmut eine Möglichkeit finden, sämtliche Schalter umzulegen, so dass aus der erwachsenen Zelle wieder eine Embryozelle wurde.

Die Überraschung lag darin, dass er die Schalter umlegen konnte, ohne sie im Einzelnen zu verstehen. Ian Wilmut hatte Erfolg, weil er eher in der Kultur der praktischen Tierzucht verwurzelt ist als in der Kultur der analytischen Genetik. Seit Jahrtausenden gelingt es Tierzüchtern, neue Tierrassen zu züchten, von der Milchkuh bis hin zum Zwergpudel, ohne deren Genome in ihren Einzelheiten zu kennen. Wilmut arbeitete nach dem Prinzip von Versuch und Irrtum, ganz in der alten handwerklichen Tradition der Tierzüchter. Er glaubte, es gab gute Chancen, dass ein paar einfache physikalische und chemische Manipulationen die Schalter zurückstellen konnten, und es zeigte sich, dass er Recht hatte. Hätte er gewartet, bis er den molekularen Aufbau der Schalter verstanden hatte, bevor er sich an seine Manipulationen wagte, hätte er zwar eine interessante wissenschaftliche Arbeit geleistet, aber nicht das Klonschaf Dolly geschaffen. Selbst im Zeitalter des Genoms bleibt die Tierzucht eine Kunst, die sich zwischen Handwerk und Wissenschaft bewegt.

Die Forschung, die zum Klonschaf Dolly führte, war von praktischen Bedürfnissen motiviert. Die Technik des Klonens ist noch nicht effizient und zuverlässig. Dolly war ein einzelner Erfolg unter Hunderten von Fehlschlägen. Schon bald werden wir die Gründe für die Fehlschläge erkannt haben, und dann wird die Technik des Klonens für den praktischen Einsatz geeignet sein. Mit ihrer Hilfe wird man Tiere mit präzise bestimmten und garantierten genetischen Eigenschaften züchten. Dann wird man einzelne, besonders leistungsfähige Kühe, Schafe oder Schweine auswählen und massenweise genaue Kopien von ihnen züchten.

Ian Wilmut möchte die Technik des Klonens jedoch auch für die Herstellung von Medikamenten zur Behandlung menschlicher Krankheiten einsetzen. Viele bedeutsame Krankheiten werden durch einen Mangel an Proteinen ausgelöst, die gesunde Menschen in kleinen Mengen produzieren. Es ist unmöglich, diese Proteine in ausreichender Menge aus menschlichem Blut oder aus den Organen Verstorbener zu gewinnen, aber es ist durchaus möglich, ein menschliches Gen in der Weise auf eine Ziege zu übertragen, dass die Ziege ein menschliches Protein erzeugt und in ausreichender Menge mit ihrer Milch ausscheidet. Das Protein aus der Milch zu gewinnen ist nicht schwer, und die technischen Instrumente zur Übertragung menschlicher Gene in die Eizellen eines Tieres existieren bereits. Aber die heutigen Verfahren zum Gentransfer sind ineffizient und teuer, so dass die benötigten Proteine immer noch Mangelware sind und den meisten Menschen, die sie benötigen, nicht zur Verfügung stehen. Wenn eine Ziege, bei der dieser Gentransfer gelungen ist, geklont werden könnte, bräuchte der Gentransfer nur einmal vorgenommen zu werden, und trotzdem könnte das betreffende Protein in der benötigten Menge gewonnen werden. Als Beispiele für dringend benötigte Proteine, die geklonte Ziegen produzieren könnten, nennt Wilmut menschliche Blutgerinnungsfaktoren wie Fibrinogen, die für die Wundheilung erforderlich sind. Langfristig denkt er auch daran, Tiere zu klonen, deren Gewebe menschliche Erkennungssignale enthält. Gewebe von solchen Tieren könnte dann auf Menschen übertragen werden, ohne dass die Gefahr einer Abstoßung durch das menschliche Immunsystem bestünde. Dann könnten Menschen Organtransplantate erhalten, sobald sie sie benötigen, und müssten nicht jahrelang warten, bis zufällig ein Mensch stirbt, dessen Organe mit ihrem Körper verträglich sind.

Als Wilmut den Erfolg seiner Experimente bekannt gab und damit plötzlich berühmt wurde, fragte man ihn, ob er die Absicht habe, Menschen zu klonen. Seine Antwort war ein entschiedenes Nein. Er sagte, er könne sich keinen vernünftigen Grund vorstellen, einen Menschen zu klonen. Er wolle seine bisherige Arbeit fortsetzen und lernen, wie man Tiere für sinnvolle Zwecke klonen kann. Er wolle über Tiere sprechen, nicht über Menschen. Er war entschlossen, sich nicht auf die schwierigen ethischen und politischen Probleme einzulassen, die sich auftun, wenn man über das Klonen von Menschen spricht. Aber die Frage nach dem Klonen von Menschen verschwindet dadurch nicht. Sobald wir die Technik des Klonens sicher beherrschen, wird man mit ihrer Hilfe grundsätzlich auch Menschen klonen können.

Lee Silver, Professor für Biologie an der Princeton University, hat untersucht, was in den letzten zwanzig Jahren im Bereich der Reproduktionsmedizin geschehen ist, seit Louise Brown, das erste Retortenbaby, in England geboren wurde. In seinem Buch *Remaking Eden* (dtsch. *Das geklonte Paradies*) beschreibt er, was er fand und wohin die Entwicklung wahrscheinlich führen wird. Die Tatsachen, von denen er berichtet, sind eindeutig. Die Reproduktionsmedizin ist der am schnellsten wachsende und profitabelste Zweig der Medizin, nicht nur in den ökonomisch fortgeschrittenen, sondern auch in vielen ärmeren Ländern auf der ganzen Erde. Überall besteht ein ausgeprägter Kinderwunsch bei Paaren, die auf dem üblichen Wege keine Kinder bekommen können. Viele Ehepaare geben sehr viel Geld aus für Verfahren, mit denen sich die Chancen einer erfolgreichen Schwangerschaft oft nur geringfügig erhöhen lassen. Aus diesen Tatsachen zieht Silver einige allgemeine Schlussfolgerungen. Der Wunsch nach Kindern ist im Laufe unserer Evolution Bestandteil der menschlichen Natur geworden. Gegen diesen Wunsch ist kein Kraut gewachsen. Eltern werden vor nichts zurückschrecken, um sich den Wunsch nach einem eigenen Kind zu verwirklichen.

Die heute in den Kliniken für Reproduktionsmedizin eingesetzten Verfahren sind im wesentlichen noch dieselben Methoden der In-vitro-Befruchtung, mit denen auch Louise Brown gezeugt wurde. Abwandlungen sind erforderlich, wenn die Eltern kein eigenes Ovulum oder keine eigenen Samenzellen für die Befruchtung liefern können, so dass Ei oder Spermien oder beides von Fremdpersonen genommen werden müssen. Die Kliniken bieten ein breites Spektrum von Lösungen für solche Probleme an; man kann sowohl auf männliche als auch auf weiblicher Spender zurückgreifen, die anonym bleiben oder den Eltern bekannt sind. Diese Methoden werden von den Hilfesuchenden als zweitbeste Lösung akzeptiert, wenn sie kein Kind bekommen können, das ihre eigenen Gene trägt.

So viel zur Vergangenheit und zur Gegenwart. Lee Silver wendet sich auch der Zukunft zu. In Kürze werden den Ratsuchenden in den Kliniken für Reproduktionsmedizin zwei neue Technologien zur Verfügung stehen: erstens das Klonen und zweitens ein Verfahren, bei dem Gene innerhalb des befruchteten Eis ersetzt werden, bevor man das Ei in den Uterus der Mutter implantiert. Die zweite Technik ist gentechnischer Art und gehört in den Bereich der sogenannten Reproduktionsgenetik. Die Reproduktionsgenetik wird den Menschen die Möglichkeit eröffnen, die Lebensqualität des Kindes zu verbessern, Gene zu entfernen, die möglicherweise einmal zu Krankheiten führen, und Gene einzufügen, die reale oder eingebildete Vorteile bringen sollen. Langfristig betrachtet, ist die Reproduktionsgenetik weitaus bedeutsamer als das Klonen. Das Klonen wird wahrscheinlich nur für eine kleine Zahl von Eltern interessant sein, die auf Fremdspender angewiesen wären und lieber ein Kind hätten, das ihre eigenen Gene trägt. Für die Reproduktionsgenetik dagegen könnten sich sehr viel mehr Menschen interessieren, darunter auch solche, die keine Probleme mit ihrer Fruchtbarkeit haben. Das Klonschaf Dolly löste eine Welle öffentlicher Proteste aus, die ein Verbot des Klonens von Menschen verlangten. Aber es dürfte kaum ernste soziale Folgen haben, wenn man Eltern erlaubte, Kinder zu klonen, sofern die eingesetzten Methoden nachweislich sicher sind und der Nachkommenschaft nicht schaden. Die möglichen Folgen der üblichen Reproduktionsmedizin sind weitaus schwerwiegender und finden kaum öffentliche Aufmerksamkeit.

Lee Silver stellt fest, dass nach dem Wunsch, Kinder zu haben, der Wunsch, erfolgreiche Kinder zu haben, das zweitstärkste Motiv ist, das Eltern bewegt. Viele Eltern verwenden den größeren Teil ihres verfügbaren Einkommens darauf, ihre Kinder in Privatschulen oder auf Universitäten zu schicken, weil sie glauben, dass Bildung der Schlüssel zum Erfolg sei. Wenn Eltern ihre Kinder für einen kleinen Teil der auf höhere Bildung entfallenden Kosten mit überlegenen Genen ausstatten könnten, dürfte die Nachfrage nach den Angeboten der Reproduktionsgenetik unwiderstehlich werden. Solche Gene könnten die Kinder befähigen, Olympiasieger im Eiskunstlaufen zu werden oder Chef eines großen Unternehmens oder was immer ehrgeizige Eltern sich wünschen mögen. Leider können die Eltern nicht die Zustimmung ihrer Kinder einholen, bevor sie den Eingriff vornehmen lassen. Niemand weiß, ob überlegene Gene überhaupt existieren oder wie man sie identifiziert. Doch die Gentechnik macht rasche Fortschritte, und die Reproduktionsgenetik wird nicht hinterher hinken.

Silver glaubt, dass die Technologie der Reproduktionsgenetik in absehbarer Zukunft teuer sein wird. Als mögliche langfristige Folge sieht er eine Aufspaltung der Menschheit in zwei verschiedene Spezies, die er die »Genreichen« und die »Natürlichen« nennt. Die Genreichen sind jene, die es sich leisten können, ihre Kinder genetisch aufzubessern. Die Natürlichen sind jene, die zurückbleiben. Nach einigen Jahrhunderten könnte die Aufspaltung zwischen Reich und Arm erblich geworden sein; eine Mischung beider Klassen fände nicht mehr statt. Die gesamte ökonomische und politische Macht läge bei den Genreichen. Die Natürlichen könnten auf den Märkten nicht um einflussreiche Stellungen konkurrieren; sie müssten sich mit dem Status begnügen, den ihnen ihre Gene zuweisen. Die Gesellschaft wäre dann wieder in Herren und Knechte unterteilt. Silver warnt davor, dass dieser Alptraum Wirklichkeit werden könne, falls die Reproduktionsgenetik gänzlich der Logik des freien Marktes überlassen werde.

Ich sehe die Zukunft etwas anders. Ich halte es für unwahrscheinlich, dass die Technik der Reproduktionsgenetik für alle Zeit teuer bleibt. Die meisten gesellschaftlich bedeutsamen Technologien wie das Telefon, das Automobil, das Fernsehen oder der Computer begannen als teures Spielzeug für die Reichen und wurden erst später so billig, dass auch gewöhnliche Menschen sie sich leisten konnten. In der Regel dauert es fünfzig Jahre, bis eine neue Technologie für die allermeisten erschwinglich wird. Beim Fernsehen dauerte es weniger als fünfzig Jahre, beim Computer könnte es etwas länger dauern. Ich sehe keinen Grund, weshalb die Reproduktionsgenetik hier eine Ausnahme bilden sollte. Anfangs wird die Reproduktionsgenetik aus denselben Gründen teuer sein, aus denen heute die künstliche Befruchtung teuer ist. Sie wird von spezialisierten Fachärzten und hochqualifizierten Technikern durchgeführt, erfordert viele Stunden persönliche Aufmerksamkeit seitens dieser Fachkräfte, und die Nachfrage nach solchen Dienstleistungen übersteigt das Angebot. In fünfzig Jahren dürfte diese Situation sich verändert haben. Die Verfahren werden dann standardisiert und weitgehend automatisiert sein. Reiche Patienten werden auch dann noch mehr Geld zahlen, um eine persönliche Behandlung zu erhalten, aber Kliniken für ärmere Patienten werden zu erschwinglichen Preisen Standardbehandlungen anbieten. Den Patienten, die bereit sind, das nötige Wissen zu erwerben, wird man in der Klinik möglicherweise sogar Do-it-yourself-Packungen mit nach Hause geben, so dass sie die Behandlung in Teilen selbst vornehmen können. Zu Hause nach eigenen Vorstellungen reprogenetisch behandelte Kinder zu bekommen wird vielleicht eines Tages ein ebenso beliebtes Hobby sein wie heute das Desktop-Publishing.

Silver glaubt, dass zumindest in den Vereinigten Staaten auf dem Gebiet der Reproduktionsgenetik ein freier Markt entstehen wird und dass alle Bemühungen, sie zu verbieten oder ihre Nutzung durch Eltern zu beschränken, zum Scheitern verurteilt sind. Er erwartet, dass die Reproduktionsgenetik in privaten Händen bleibt. Amerikanische Traditionen fördern die Ersetzung staatlicher Dienste durch private Institutionen. In den Vereinigten Staaten genießen private Universitäten größeres Ansehen und verfügen über größere Mittel als staatliche Universitäten, und der Gedanke eines staatlichen Gesundheitssystems stößt in weiten Kreisen auf entschiedene Ablehnung. In vielen anderen Ländern dagegen liegen höhere Bildung und Gesundheitswesen in den Händen des Staates, und die Traditionen begünstigen die Erhaltung qualitativ hochwertiger staatlicher Dienstleistungen.

Wenn die Techniken der Reproduktionsgenetik einen entsprechenden Stand erreicht haben, dürften viele Länder sie in den Kanon staatlicher Dienstleistungen aufnehmen. Auch dort wird die Reproduktionsgenetik den Wohlhabenden in einer privaten Deluxe-Version angeboten werden, aber die privaten Anbieter werden kein Monopol besitzen, und die Reichen werden diese Techniken nicht für sich allein haben. In Ländern, in denen alle einen gesetzlichen Anspruch auf die Technologie der Reproduktionsgenetik haben, ist eine Aufspaltung in Genreiche und Natürliche unwahrscheinlich. Und wenn sich in den Vereinigten Staaten Ansätze einer solchen Spaltung zeigen sollten, wird selbst dort die öffentliche Empörung dafür sorgen, dass diese Entwicklung abgestellt wird, ganz wie einst öffentliche Empörung dafür sorgte, dass die Sklaverei abgeschafft wurde. Im 18. und 19. Jahrhundert wurde die Sklaverei von Anhängern der freien Marktwirtschaft verteidigt. Die Gegner der Sklaverei setzten dagegen die Überzeugung, dass der freie Markt nicht auf den menschlichen Körper ausgedehnt werden dürfe, und ihre Auffassung trug den Sieg davon. Ich hoffe und glaube, wenn die Zeit reif ist, werden unsere Nachkommen zu der Überzeugung gelangen, dass der freie Markt nicht auf menschliche Gene ausgedehnt werden darf.

Bei der Betrachtung der ferneren Zukunft stimmen Silver und ich überein. Wir glauben beide, dass die Technologie der Reproduktionsgenetik letztlich die Menschheit in zahlreiche Spezies aufspalten wird und dass diese Aufspaltung nicht nur zwischen Reichen und Armen erfolgt, sondern auch zwischen verschiedenen Lebensanschauungen und Lebensweisen. Wenn der Wunsch nach verschiedenen Lebensweisen in die Wirklichkeit übersetzt werden kann, dann wird die Vielfalt der Wünsche ihren Ausdruck auch in einer Vielzahl von Arten finden. Die Technologie der Reproduktionsgenetik wird dann nur noch eine schnellere Version des natürlichen Prozesses der Artbildung sein, der neue Arten hervorgebracht hat, seit das Leben existiert. Zur Herausbildung einer biologischen Art kommt es auf natürlichem Wege, wenn eine Population genetisch von ihren Nachbarn isoliert wird, so dass sie sich unabhängig von ihren Artgenossen an veränderte Umweltbedingungen anpassen und eine eigene ökologische Nische finden muss. Die Artbildung ist seit Milliarden von Jahren der wichtigste Motor der Evolution. Etablierte Arten entwickeln sich, wenn überhaupt, nur langsam weiter. Nur durch Artbildung kann die Evolution beschleunigt werden. Die Technologie der Reproduktionsgenetik wird eine Variation des Menschen über ein Thema der Natur sein, das durch eine schöpferische Nutzung genetischer Isolation eine Beschleunigung der Evolution ermöglicht.

In einem kürzlich erschienenen Aufsatz mit dem Titel »Rapid Evolution of Sex-related Genes« beschreibt die Biologin Ursula Goodenough die genetischen Mechanismen, die Lebewesen von den Algen über die Hefepilze bis hin zu Insekten und Säugetieren zu einer raschen Artbildung befähigen. Eine rasche Artbildung ermöglicht es diesen Lebewesen, sich schneller zu entwickeln als ihre Konkurrenten, und daher sind die dafür erforderlichen genetischen Mechanismen in ihre Genome eingebaut. Für eine beschleunigte Artbildung ist es erforderlich, dass die Gene, die mit der Paarung und dem Erkennen des anderen Geschlechts zusammenhängen, schneller mutieren als andere Gene. Goodenough hat festgestellt, dass die Genome höherer Organismen nur zwei Gengruppen aufweisen, die für eine rasche Mutation programmiert sind: die Gene für das Immunsystem und die Gene für das Paarungssystem. Das Immunsystem muss schnell mutieren, um auf eindringende Bakterien und Viren reagieren zu können. Die Gene des Paarungssystems müssen schnell mutieren, um genetische Barrieren zwischen Populationen zu errichten. Durch die Errichtung genetischer Barrieren bringt die Natur neue Arten hervor. Wenn wir die Technologie der Reproduktionsgenetik beherrschen, werden wir unsere eigenen genetischen Barrieren errichten, nicht im Widerspruch zur Natur, sondern indem wir dafür sorgen, dass die natürlichen Prozesse der menschlichen Evolution ihren Fortgang nehmen.

Auch wenn die Aufspaltung der Menschheit in mehrere Arten unter Gleichen erfolgt und keine Aufspaltung in Herren und Knechte bedeutet, wird sie uns vor schwierige soziale und ethische Probleme stellen. Man kann sich nur schwer vorstellen, dass auf diesem kleinen, überfüllten Planeten mehrere Menschenarten friedlich miteinander leben werden. Auch hier sind Silver und ich einer Meinung. Wenn wir eine grenzenlose Diversifizierung der menschlichen Genome und Lebensformen auf diesem Planeten zulassen, wird das unausweichlich in einer Katastrophe enden. Früher oder später werden sich die Spannungen zwischen divergierenden Lebensformen nur durch Emigration lösen lassen; einige von uns werden auswandern und sich fern der Erde niederlassen, während andere zurückbleiben. Am Ende werden wir den Weg ins All nehmen müssen, um neue Welten zu finden, die unseren neuen Fähigkeiten entsprechen. Um die Vielfalt der geistigen und körperlichen Formen zu erkunden, zu denen unser Genom sich zu entwickeln vermag, reicht ein Planet nicht aus.

Nachwort

Die Niederlage des Schachweltmeisters Gary Kasparov gegen das Schachprogramm Deep Blue im Mai 1997 war für Menschen, die mit der Entwicklung des Computers vertraut sind, keine Überraschung. Computer und Computerprogramme entwickeln sich zehntausendmal so schnell wie der Mensch. Früher oder später musste ein Schachprogramm selbst einen Weltmeister besiegen. Dennoch sollten wir Kasparov wegen seiner Niederlage bedauern. Ein menschlicher Großmeister ist ein Künstler, der ebenso schöpferisch Bewegungsmuster auf dem Schachbrett hervorbringt wie ein Maler Farbmuster auf der Leinwand. Die Kunst eines großen Schachspielers ist ebenso geheimnisvoll wie die Kunst eines großen Malers. Die Niederlage solch eines Künstlers gegen eine Maschine ist eine echte Tragödie. Das Publikum sah darin ganz zu Recht ein historisches Ereignis, ein Symbol der wachsenden Herrschaft der Maschinen über den menschlichen Verstand in allen Winkeln unseres Lebens.

Der rasche Sieg der Maschine machte Kasparovs Niederlage nur noch verheerender für den menschlichen Stolz. Kasparov ging mit übertriebener Zuversicht in den Kampf; am Ende war er erschöpft und deprimiert. Er hatte einen raschen Sieg erwartet und war konsterniert angesichts seiner raschen Niederlage. Eigentlich hätte man den Wettkampf organisieren sollen wie den historischen Wettkampf zwischen Bobby Fisher und Boris Spassky 1972, eine Serie von 21 Spielen, bei der die beiden Spieler viel Zeit hatten, die Stärken und Schwächen des Gegners auszuloten, sich von zeitweiligen Rückschlägen zu erholen und aus eigenen Fehlern zu lernen. Der Wettkampf von 1972 war ein großartiges Drama, mit heftigen Temperamentausbrüchen im ersten Akt, einem intellektuellen Feuerwerk im zweiten und einem friedlichen Schluss im dritten Akt. Am Ende fügte Spassky sich mit Anstand in seine Niederlage. Ungestüme Brillanz siegte über klassische Kühle. Es war ein fairer Wettkampf, bei dem beide Seiten eine

Chance hatten, ihr Bestes zu geben. Der Wettkampf zwischen Kasparov und Deep Blue 1997 war dagegen eine überhastete Veranstaltung mit insgesamt nur sechs Spielen.

Kasparov wurde durch eine einzige verlorene Partie demoralisiert und hatte keine Zeit, sich zu erholen. Deep Blue hatte Zugang zu den Daten zahlreicher Partien, die Kasparov in den letzten Jahren gespielt hatte, während Kasparov seine Einschätzung des Gegners nur auf die sechs Partien des Wettkampfs stützen konnte. Der nächste Wettkampf zwischen einem Schachweltmeister und einem Computer sollte wie der Wettkampf von 1972 organisiert werden; beide Seiten sollten den gleichen Zugang zu den bisherigen Spielen des Gegners haben, und dem menschlichen Spieler sollte genügend Zeit gelassen werden, den Stil der Maschine zu studieren, um ihr mit einem gewissen Verständnis entgegentreten zu können. Dann würden wir möglicherweise einen ebenso dramatischen Wettkampf erleben wie 1972. Falls die Maschine dann wieder gewinnt, wie man wohl annehmen darf, werden beide Seiten neue Einblicke in die Geheimnisse des Schachspiels gewonnen haben.

Der Sieg der Maschine bedeutet keineswegs das Ende des Schachspiels als Kunstform. Langfristig werden die Nachfolger von Deep Blue die Kunst des Schachspiels sogar bereichern. Es wird drei verschiedene Arten von Wettkämpfen geben: solche zwischen Menschen, solche zwischen Maschinen und solche zwischen Menschen, die sich von Maschinen unterstützen lassen. Alle drei Arten werden der Kunst des Schachspiels zugute kommen und sein Verständnis vertiefen. Die Symbiose eines menschlichen Großmeisters mit einer analytischen Maschine wird das Schachspiel weit über jenen Punkt hinaus bringen, an dem Fischer und Kasparov stehen blieben.

Welche Folgen hat der Sieg des Schachprogramms Deep Blue für die Gesellschaft? Das Schachspiel ist eine hochartifizielle Angelegenheit, die für die überwiegende Mehrzahl der Menschen ebenso wenig unmittelbare Bedeutung besitzt wie die Astrophysik oder die Höhlenforschung. Aber es gibt eine aussagekräftige Analogie zwischen dem Einfluss des Computerprogramms Deep Blue auf die Schachspieler und dem Einfluss von Computernetzen auf gewöhnliche Menschen. Für die Gesellschaft als Ganzes stellt eine einzelne Maschine oder ein einzelnes Programm wie Deep Blue keine Bedrohung dar. Die Bedrohung der Menschenwürde und der Autonomie unserer Institutionen resultiert aus der Vielzahl kleiner Maschinen in unseren Wohnungen und Büros, die über Telefonleitungen und Glasfaserkabel zu unergründlichen Netzen zusammengeschaltet sind. Die kleinen Maschinen machen unsere fünfjährigen Enkel zu computersüchtigen Kindern und unsere Manager zu Computerinterfaces. Internet und World Wide Web durchdringen unsere Gesellschaft und verändern unser Leben. Gewöhnliche Menschen, die weder die nötige Ausbildung genossen haben noch das nötige Fachwissen besitzen, können dem unaufhörlichen Wachstum der Netze weder entkommen, noch vermögen sie es zu steuern. Die Protokolle zum Austausch von Datenpaketen im Netz, die ursprünglich entwickelt wurden, um auch im Chaos eines Atomkriegs noch ein robustes Befehls- und Kontrollsystem aufrecht erhalten zu können, besitzen eine bewundernswerte Fähigkeit, im Chaos der modernen Massenkommunikation zu gedeihen. Die Netze von heute sind embryonale Formen und werden zu reifen Strukturen heranwachsen, deren Gestalt und Macht wir noch gar nicht absehen können. Kasparovs Niederlage ist eine Metapher für die zukünftige *conditio humana*, falls wir uns vom Wachstum der Netze blenden lassen.

Aber auch die segensreichere Zukunft des Schachspiels, die ich oben beschrieben habe und bei der menschliche Kunstfertigkeit eine Symbiose mit den Fähigkeiten des Computers eingeht, ist eine Metapher für eine mögliche Entwicklung der Gesellschaft in einer Welt von Netzen. In der Vergangenheit ist die Entwicklung stets von einem veränderten

Gleichgewicht zwischen Konkurrenz und Symbiose vorangetrieben worden. So muss es auch in der Zukunft sein. Unsere Aufgabe als Menschen ist es, hier ein Gleichgewicht zu halten. Und gegenwärtig ist dieses Gleichgewicht außer Kontrolle geraten, so dass die Dinge nicht mehr im Lot sind.

Die Netze treiben uns in eine Welt erdrückenden Wettbewerbs, den viele von uns verheerend finden. Die Netze erlegen uns kulturelle und ökonomische Zwänge auf, denen wir uns hilflos ausgeliefert fühlen. Die Netze dienen hauptsächlich den Reichen und sind den Armen oder Ungebildeten unzugänglich, so dass sie die Barrieren zwischen Armen und Reichen erhöhen und damit die Ungleichheit vergrößern. Dieser Verletzung fügen sie noch eine Erniedrigung hinzu, indem sie die Menschen auf den Status von Zellen in einem vielzelligen Organismus zu reduzieren drohen, der gegenüber unseren Wünschen und Bedürfnissen gleichgültig ist. Doch als Individuen haben wir durchaus die Macht, unseren Wünschen und Bedürfnissen Gehör zu verschaffen. Als Schöpfer von Maschinen und Protokollen, von denen die Netze leben, haben wir die Macht, die Netze zu begreifen und ihre Funktionsweise zu beeinflussen. Wir haben die Pflicht, die Netze in den Dienst sozialer Gerechtigkeit und menschlicher Freiheit zu stellen. Das Spiel der Evolution wird wie das Schachspiel in

Zukunft von Menschen und Maschinen gespielt werden, die miteinander kooperieren. Die Landschaft des Cyberspace bietet ebenso große Chancen für schöpferische Kunstfertigkeit wie die Landschaft des Schachspiels.

Literaturhinweise

Diese Literaturhinweise erheben keineswegs den Anspruch auf Vollständigkeit. Ich habe lediglich ein paar Bücher und Aufsätze zusammengestellt, die ich als hilfreich empfunden habe. Sie sind in der Reihenfolge aufgeführt, in der sie auch im Text erscheinen.

Einführung

Godfrey H. Hardy: *A Mathematician's Apology*,
Cambridge 1940, S. 60.

Jean Jules-Verne: *Jules Verne: A Biography*,
New York 1976. Zur Idealstadt siehe insb. S. 190;

dabei handelt es sich um einen Vortrag, den Verne in der etwas verschlafenen Provinzstadt Amiens hielt und in dem er sich über die Absichten einiger Bürger lustig machte, Amiens zu einer modernen Stadt zu machen.

H. G. Wells: *When the Sleepwalker Wakes*, in: *Three Prophetic Novels of H. G. Wells*, hg. von E. F. Bleiler, New York 1960 (erstmals erschienen 1899); dt.: *Wenn der Schläfer erwacht*, München 1996.

Edward Tenner: *Why Things Bite Back: Technology and the Revenge of Unintended Consequences*, New York 1996; dt.: *Die Tücken der Technik. Wenn Fortschritt sich rächt*, Frankfurt am Main 1997.

Esther Dyson: *Release 2.0, A Design for Living in the Digital Age*, New York 1997.

George B. Dyson: *Darwin Among the Machines: The Evolution of Global Intelligence*, New York 1997.

1. Wissenschaftliche Revolutionen

Ein Teil des 1. Kapitels wurde unter dem Titel »Science as a Craft Industry« veröffentlicht in: *Science* 280 (1998), S. 1015f.
Henry A. H. Boot und John T. Randall: »Historical Notes on the Cavity Magnetron«, *IEEE Transactions on Electron Devices* 23 (1976), S. 724–729. Siehe auch Robert Buderi: *The Invention that Changed the World*, New York 1996, insb. S. Kap. 4, S. 82–89.

Tracy Kidder: *The Soul of a New Machine*, Boston 1981.

Peter Galison: *Image and Logic: A Material Culture of Microphysics*, Chicago 1997. Zu Marietta Blau siehe S. 148–160.

Thomas Kuhn: *The Structure of Scientific Revolutions*, 2. Ausgabe, Chicago 1970 (die erste Ausgabe erschien 1960); dt.: *Die Struktur wissenschaftlicher Revolutionen*, Frankfurt am Main 1967.

Alan D. Sokal: »Transgressing the Boundaries: Towards a Transformative Hermeneutics of Quantum Gravity«, *Social Text* 14 (1996), S. 217–252.

Fairerweise sollte jeder, der Sokals Parodie liest, auch den Aufsatz von Andre Ross, »Reflections on the Sokal Affair«, *Social Text* 15 (1997), S. 149–152, lesen, eine nachdenkliche Antwort eines der Herausgeber der Zeitschrift *Social Text*.

Emily Martin: »Understanding the Immune System Culturally« (Vortrag am Institute for Advanced Study, Princeton, N.J., im Februar 1993).

Alexander Wolszczan und D. A. Frail: »A Planetary System around the Millisecond Pulsar PSR 1257+12«, *Nature* 355 (1992), S. 145–147. Alexander Wolszczan: »Confirmation of Earth-Mass Planets Orbiting the Millisecond Pulsar PSR B1257+12«, *Science* 264 (1994), S. 538–542. Zur Widerlegung der von Wolszczan aufgestellten Behauptung, einen dritten Planeten mit einer Periode von 25,34 Tagen gefunden zu haben, siehe Klaus Scherer u.a.: »A Pulsar, the Heliosphere, and Pioneer 10: Probable Mimicking of a Planet of PSR 1257+12 by Solar Rotation«, *Science* 278 (1997), S. 1919–1921.

John A. Sidles, Joseph Garbini und Gary Drobny: »The Theory of Oscillator-coupled Magnetic Resonance with Potential Applications to Molecular Imaging«, *Review of Scientific Instruments* 63/8 (1992), S. 3881–3899.

Bogdan Paczynski: »Gravitational Microlensing in the Local Group«, *Annual Review of Astronomy and Astrophysics* 34 (1996), S. 419–459.

2. *Technik und soziale Gerechtigkeit*

Dieses Kapitel ist eine erweiterte Fassung des zweiten Vortrags an der New York Public Library. Mit geringfügigen Veränderungen hielt ich diese erweiterte Fassung am 5. November 1997 als Louis Nizer Lecture am Carnegie Council on Ethics and International Affairs in New York. Der Text des Vortrags wurde im März 1998 vom Carnegie Council unter dem Titel *Technology and Social Justice* veröffentlicht. Ich danke dem Carnegie Council für die Genehmigung, den Text hier wieder abdrucken zu dürfen.

Freeman J. Dyson: *Infinite in All Directions*, New York 1988, S. 273.

Max Weber: »Die Protestantische Ethik und der ›Geist‹ des Kapitalismus«, *Archiv für Sozialwissenschaft und Sozialpolitik* 20 (1905), S. 1–54, und 21 (1905), S. 1–110; wieder abgedruckt in ders.: *Gesammelte Aufsätze zur Religionssoziologie*, Bd. 1, Tübingen 1920, S. 1–206. R. H. Tawney: *Religion and the Rise of Capitalism*, New York 1926. Eine gegensätzliche Auffassung formuliert Michael Novak: *The Catholic Ethic and the Spirit of Capitalism*, New York 1993. Zu einer Diskussion des Verhältnisses zwischen jüdischer Ethik und dem Aufstieg des Kapitalismus siehe Gertrude Himmelfarb: *The Demoralization of Society*, New York 1995, Kap. 6. Offenbar können Protestanten, Katholiken und Juden gleichermaßen den Anspruch erheben, zur Geburt des modernen Europa beigetragen zu haben.

Die Adresse des Solar Electric Light Fund lautet: 1734 20th Street NW, Washington, DC, 20009. Die E-Mail-Adresse lautet: solarlight@self.org.

Zu Einzelheiten des von Paul Baran erfundenen Ricochet-Systems siehe George B. Dyson: *Darwin Among the Machines, op. cit.* S. 207f.

Nachdem ich diesen Vortrag im Mai 1998 an der University of California, Irvine, gehalten hatte, fragte die Astronomieprofessorin Virginia Trimble die Zuhörer, wie viele von ihnen wüssten, dass ihre Großmütter Hauspersonal beschäftigt hatten. Gut fünfzig Hände gingen in die Höhe. Dann fragte sie, wie viele Großmütter selbst als Dienstboten gearbeitet hatten. Zwei Hände gingen in die Höhe.

Wenn man diesen Zahlen glauben darf, stammten die Zuhörer in der überwiegenden Mehrzahl aus wohlhabenden Familien. Aufwärtsmobilität war nicht sonderlich weit verbreitet. Da es sich bei den Zuhörern hauptsächlich um Akademiker handelte, scheint es, dass der akademische Berufsstand zumindest in Kalifornien in der Gefahr steht, zu einer erblichen Kaste zu werden.

3. Der Weg ins All

Ein Teil dieses Kapitels wurde unter dem Titel »Warm- blooded Plants and Freeze-dried Fish« veröffentlicht in: *The Atlantic Monthly* 280 (November 1997), S. 71–80.

Zur Geschichte des Marsmeteoriten ALH84001 siehe *Planetary Report* 17 (Januar 1997). Diese Ausgabe enthält Artikel von Roberta Score, die den Meteoriten entdeckte, und von David Mittelfehldt, der ihn als Marsmeteoriten identifizierte. Zu den Hinweisen auf Spuren einstigen Lebens in dem Meteorieten siehe David McKay u.a.: »Search for Past Life on Mars: Possible Relic Biogenic Activity in Martian Meteorite ALH84001«, *Science* 273 (1996), S. 924–930. Zu hochaufgelösten Bildern der Eisdecke auf Europa siehe *Sky and Telescope* 93 (März 1997), S. 32f.

Zu Belegen dafür, dass im Innern des Marsmeteoriten niemals hohe Temperaturen geherrscht haben, siehe D. A. Evans, N. J. Beukes und J. L. Kirschvink: »Paleomagnetic Evidence for a Low-temperature Origin of Carbonate in the Martian Meteorite ALH84001«, *Science* 275 (1997), S. 1629-1633.

Zu terrestrischen warmblütigen Pflanzen siehe Roger S. Seymour: »Plants that Warm Themselves«, *Scientific American* 276 (März 1997), S. 104–109.

Leik Myrabo: »Laser Propelled Flight Experiments at the High Energy Laser Systems Test Facility«, in: *Space Manufacturing 11*, Proceedings of the Thirteenth SSI/Princeton Conference on Space Manufacturing, hg. von Barbara Faughnan, Princeton 1997, S. 142f.

C. Knowlen, A. P. Bruckner, D. W. Bogdanoff und A. Hertzberg: »Performance Capabilities of the Ram Accelerator«, in: Proceedings of the American Institute of Aeronautics and Astronautics Twenty-third Propulsion Conference, San Diego, Juni-Juli 1987. A. P. Bruckner und A. Hertzberg: »Ram Accelerator Direct Launch System for Space Cargo«, in: Proceedings of

International Astronautical Federation Thirty-eighth Congress, Brighton, Oktober 1987.

Derek Tidman: »Slingatron Dynamics and Launch to Low Earth Orbit«, in: *Space Manufacturing 11, op. cit.*, S. 139–141.

I. Wilmut u.a.: »Viable Offspring Derived from Fetal and Adult Mammalian Cells«, *Nature* 385 (1997), S. 810–813.

Lee M. Silver: *Remaking Eden*, New York 1997; dt.: *Das geklonte Paradies*, München 1998.
Zu den Fakten, auf die Silver seine Argumentation stützt, siehe Kap. 6, S. 67–77.

Ursula W. Goodenough: Rapid Evolution of Sex-related Genes (persönliche Mitteilung 1998).

Nachwort

Das Nachwort wurde im März 1997 unter dem Titel »Chess and the Human Condition« in der für die Mitarbeiter von IBM herausgegebenen Zeitschrift *Think* veröffentlicht.